FLIEGERHORST SCHÖNWALDE / BERLIN 1935 - 1945

HELMUT BUKOWSKI
CHRISTEL TRILUS

Lage des Fliegerhorstes Schönwalde/Berlin (1990) *Karte: Sammlung Zapf*

LITERATURQUELLEN

Wolfgang Dierich: Verbände der Luftwaffe. Verlag Heinz Nickel, Zweibrücken 1993.

Karl Friedrich Hildebrand: Die Generale der deutschen Luftwaffe 1935-1945. Biblio Verlag, Osnabrück 1991.

Karl Ries: Deutsche Flugzeugführerschulen und ihre Maschinen. Motorbuch Verlag Stuttgart 1988.

Karl Ries, Wolfgang Dierich: Fliegerhorste und Einsatzhäfen der Luftwaffe. Motorbuch Verlag Stuttgart 1993.

G. Tessin: Formationsgeschichte der Wehrmacht, Band 14 Fliegende Verbände der Luftwaffe. Biblio Verlag, Osnabrück 1980.

ISBN: 3 - 79 09 - 06 75 - 1

PODZUN-PALLAS-VERLAG GmbH. Kohlhäuserstr. 8, 61200 WÖLFERSHEIM-BERSTADT

Tel. 0 60 36 / 94 36 - Fax 0 60 36 / 62 70 Internet: http://www.podzun-pallas.de

Verantwortlich für den Inhalt ist der Autor.

Satz/Layout: **VDM** Heinz Nickel, 66482 Zweibrücken

Technische Herstellung: Kölle-Druck GmbH, 32352 Preuß. Oldendorf

Helmut Bukowski / Christel Trilus

FLIEGERHORST SCHÖNWALDE / BERLIN

Ausbildungs- und Erprobungsstätte der Luftwaffe 1935 - 1945

Eine He 72 beim Schulbetrieb in Schönwalde 1940. *Foto: Sammlung Petrick*

Fliegerschule, Fliegerausbildungsregiment, Reichsverteidigung, Transportgeschwader, Regierungs- und Erprobungsstaffel, Einfallhorst der Nachtjagd

Schulflugzeuge, Gigant, Tausendfüßler, Herkules, Condor und andere im Einsatz

PODZUN-PALLAS

Ein weithin sichtbares Wahrzeichen des Fliegerhorstes Schönwalde ist das 1935 errichtete Flugleitungsgebäude (Aufnahme von 1993). *Foto: Bukowski*

DANKSAGUNG

Wir danken unseren Gesprächs- und Briefpartnern für die unvoreingenommen gegebenen Auskünfte und die uns zuteil gewordene dokumentarische, technische und fachliche Hilfe.

Hans-Dieter Aßmann, Falkensee, Paul Bohn, Bockenau, Manfred Bolz, Hennigsdorf, Hans Borgmann Senior und Junior, Bötzow, Ernst Brachlow, Hennigsdorf, Dr. Wolfram Brechthold, Ulm, Herbert Bremer, Hennigsdorf, Reiner Bronewski, Hennigsdorf, Sven Carlsen, Hamburg, Paul Czerepak, Düsseldorf, Hans-Peter Dabrowski, Hannover, Heinz Ewert, Hennigsdorf, Arno Fischer, Dießen,Gottfried Franke, Hennigsdorf, Lutz Freund, Diepholz, Ing. Curt Galke, Oberhausen, Eduard Gering (+), Schönwalde, Dieter Gering, Schönwalde, Emmi Gottschalk, Hennigsdorf, Hans Göritz, Königswartha, Manfred Griehl, Mainz, Günter Gruska, Hennigsdorf, Heinz Guenther, Berlin, Erich Harmsen (+), Hannover, Ernst Hartmann, Preußisch-Oldendorf, Kurt Hanselmann, Gelnhausen, Uwe W. Jack, Berlin, Heinz Kampowski, Hohen Neuendorf, Rudi Karau, Hennigsdorf, Christian Kirsch, Berlin, Herbert Klein, Falkensee, Dipl. Ing. Karl Kössler, Cremlingen-Weddel, Willi Komoß, Hennigsdorf, Horst Kopsch, Leipzig, Dr. Volker Koos, Rostock, Manfred Kretzschmar, Alt-Glienicke, Kurt Krüger (+), Essen, Kurt Kuppler (+), Schönwalde, Flugkapitän Kurt Lamm, Berlin, Franz Lankenau (+), Nordenham-Blexen, Udo Lassak, Schönwalde, Harry Lüdicke, Schildow, Wilhelm Lüth, Neumünster, Erich Miethe, Bremen, Albert Mönk, Hennigsdorf, Günter Müggenburg, Falkensee, Ursula Preiß, Falkensee, Dr. Jochen Prien, Hamburg, Pfarrer Norbert Rauer, Staaken, Rudolf und Dieter Reichardt, Fulda, Kurt Reimer, Hennigsdorf, Jean Louis Roba, Belgien, Heinrich Rosenberg (+), Teneriffa, Otto Ritzkat (+), Bötzow, Werner Salomon, Berlin, Gerhard Salz, Neuenhagen, Brigadegeneral a. D. Horst Scheibert, Weilburg, Walter Schellner, Chemnitz, Alois Schmidt, Berlin, Werner Sommer, Bötzow, Herbert A.W. Thomas, Bochum, Robert Thriene (+), Erfurt, Hermann Trilus, Hohen Neuendorf, Ernst Voigt, Berlin, Ernst Waldenberg, Wansdorf, Emil Wenda, Wolfslake, Werner Wiencke, Falkensee, Jürgen Zapf, Hergesheim, Manfred Zundel, Berlin

Insbesondere danken wir Fotograf Klaus-Peter Matte, Strausberg, für die fotografischen Arbeiten und Luftfahrt-Journalist Frank-Dieter Lemke, Berlin, sowie der Gesellschaft zur Bewahrung von Stätten deutscher Luftfahrtgeschichte e.V., Flughafen Berlin-Schönefeld, für die fachliche Beratung.

INHALT

EIN WORT ZUVOR

Über die wechselvolle Geschichte eines Fliegerhorstes der Luftwaffe bei Berlin zu schreiben, von dem seine Zeitzeugnisse buchstäblich in alle Winde verstreut wurden oder unwiederbringlich in den Wirren des Krieges verlorengegangen sind, bleibt noch immer ein Problem.

Aber die Tatsache, daß der ehemalige Fliegerhorst Schönwalde ein halbes Jahrhundert später wieder betreten werden darf und viele vom Zahn der Zeit angenagten Bauwerke noch immer zu besichtigen sind, ließ uns dieses Wagnis eingehen. Als gebürtige Ortsnachbarn und Nachkommen derer, die auf dem Fliegerhorst ein wesentliches Stück ihres Lebensweges zurückgelegt haben, fühlten wir uns verpflichtet, seine 60jährige Vergangenheit dem Dunkel zu entreißen.

Dennoch ging es uns nicht darum, eine lückenlose Chronik zusammenzustellen. Das ist auch gar nicht mehr möglich, zumal die über viele Jahre anhaltende militärische Geheimhaltung - auch die Quellenlage in den Militärarchiven ist äußerst gering - manche spätere Nachforschung im Sande verlaufen läßt. So wird wohl auch künftig vieles im Verborgenen bleiben.

Deshalb haben wir den Versuch unternommen, all das aufzuspüren und vor dem Vergessen zu bewahren, was viele Zeitzeugen noch immer als Erinnerung mit sich tragen.

Und deshalb sind wir all jenen dankbar, die uns spontan ihre Erlebnisse erzählten oder per Brief zusandten sowie persönliche Aufzeichnungen ebenso wie Bildmaterial zur Verfügung stellten. Ehe die Spuren des Schönwalder Fliegerhorstes völlig verwischt sind - immerhin schwebt das behördliche Vorhaben, die historischen Flugplatzanlagen gänzlich zu beseitigen, wie ein Damoklesschwert über allem -, erinnern wir an dieser Stelle an Ereignisse und natürlich an Menschen, die im guten Glauben handelten und ihr Leben dafür einsetzten. Viele von ihnen kehrten nicht mehr zurück.

Helmut Bukowski, Strausberg
Christel Trilus, Hohen Neuendorf
im Herbst 1999

Schönwalder Teufels-Bruch 1932

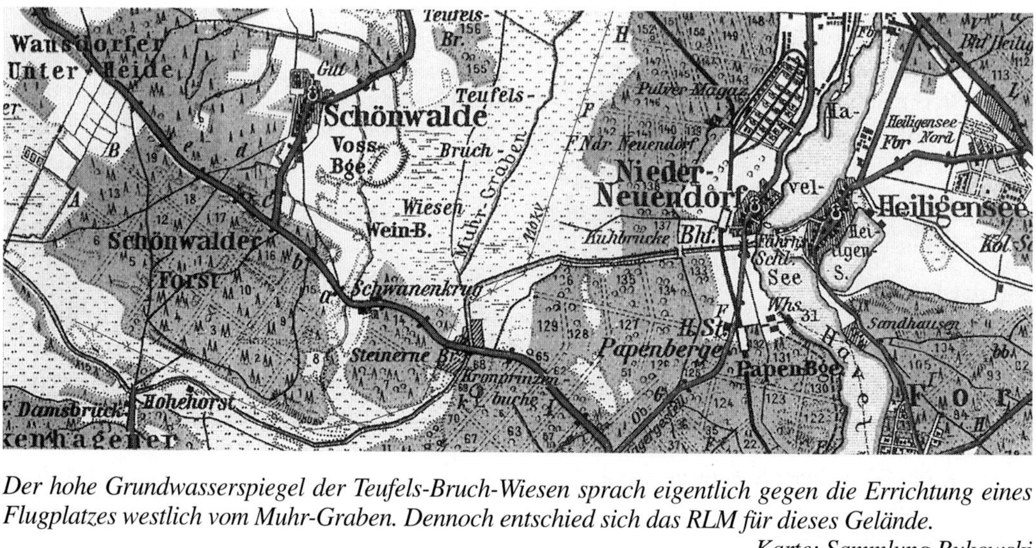

Der hohe Grundwasserspiegel der Teufels-Bruch-Wiesen sprach eigentlich gegen die Errichtung eines Flugplatzes westlich vom Muhr-Graben. Dennoch entschied sich das RLM für dieses Gelände.
Karte: Sammlung Bukowski

VOM TEUFELS-BRUCH ZUM FLIEGERHORST

Noch Mitte der dreißiger Jahre lag eine Idylle, die noch ganz dem dörflichen Charakter dieser Gegend entsprach, über dem kleinen Ort Schönwalde nordwestlich von Berlin. Im nahegelegenen Teufels-Bruch, der heute Erlen-Bruch heißt, mit seinen Sümpfen und gewaltigen Eichen blühten zuhauf die Wasserlilien. Man erzählte sich, daß die Anwohner diese Moorlandschaft mieden, weil die Sage von einem versunkenen Dorf umging. Mit der Unberührtheit dieses Fleckchens Natur sollte es jedoch bald vorbei sein. Im Jahre 1935 war der Aufbau der deutschen Luftwaffe erstmals öffentlich bekanntgegeben worden. Das Reichsluftfahrtministerium, kurz RLM genannt, interessierte sich auch für die Wiesen im Teufels-Bruch westlich des Muhr-Grabens. Als schließlich das RLM begann, das Gelände aufzukaufen, ließen sich die Pläne für den Bau eines Luftwaffen-Fliegerhorstes nicht mehr länger verbergen. Erst viele Jahre später sollte bekanntwerden, daß die Errichtung eines Flugplatzes bei Schönwalde bereits Mitte 1934 Bestandteil geheimer Pläne war. Bei der Suche nach einem geeigneten Standort hatte das RLM zunächst einen anderen Ort ins Auge gefaßt: den ehemaligen Werksflugplatz der AEG Hennigsdorf, Abteilung Flugzeugbau, in Nieder Neuendorf. Allerdings stellte sich bei der Besichtigung des Geländes durch hochrangige RLM-Vertreter heraus, daß die neue Hochspannungsleitung, die nur 800 m vom ehemaligen AEG-Hangar entfernt über das Flugfeld verlief, ein solches Vorhaben gar nicht zuließ. Dennoch ließ sich das RLM von seinen Zielen nicht abbringen und entschied, den neuen Flugplatz 2 km westlich vom ehemaligen AEG-Werksflugplatz zu errichten und den alten Flugplatz bis zur Fertigstellung des neuen als Segelfluggelände für die Fliegerübungsstelle (FÜS) Hennigsdorf zu nutzen.

Obwohl die Wiesen des Teufels-Bruchs wegen des hohen Grundwasserspiegels und der Frühjahrsüberschwemmungen ständig feucht waren und auch häufig auftretende Bodennebel eigentlich gegen die Errichtung eines Flugplatzes sprachen, blieb es dabei. Einer der ausschlaggebenden Faktoren war vermutlich, daß es sich hier um Bruchland handelte. Der Hochspannungsleitung glaubte man durch diese Entscheidung entronnen zu sein. Aber das war ein Trugschluß, wie sich erweisen sollte, stellte sie doch eine große Gefahrenquelle dar, mit der später zahlreiche ortsunkundige Piloten kollidierten und dabei ihr Leben ließen. Anfang 1935

AEG-Werksflugplatz 1919

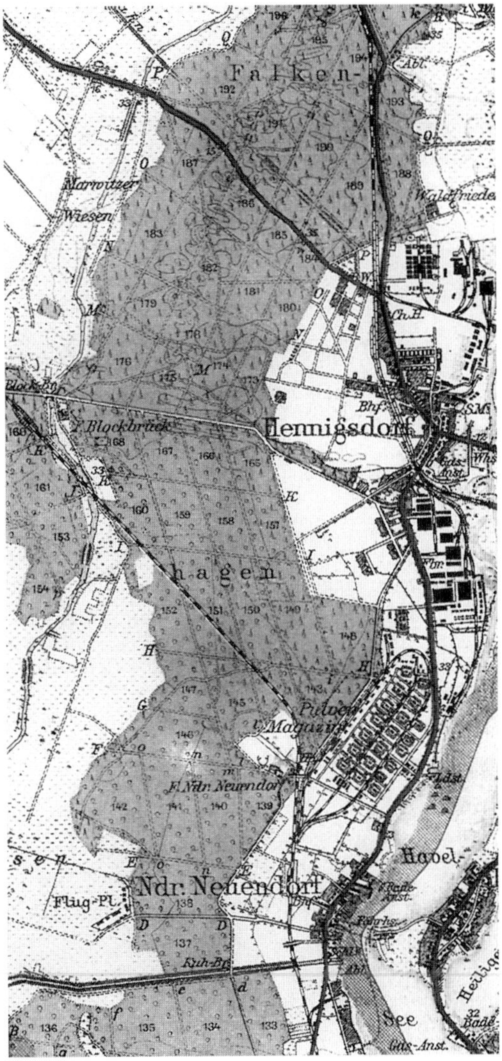

Karte: Sammlung Bregulla

Der westlich von Nieder Neuendorf gelegene AEG-Werksflugplatz wurde 1912 gemeinsam mit einer Fliegerschule eröffnet und bis 1917 betrieben. 1919, nach Unterzeichnung des Vertrages von Versailles, mußten die Hangars, deren betonierte Fundamente in den dreißiger Jahren noch gut aus der Luft zu erkennen waren, abgerissen werden.
Von Sommer 1934 bis Juli 1935 flog hier die Fliegerübungsstelle Hennigsdorf. Sie verlegte ihre Aktivitäten danach auf den Sportflugplatz Hennigsdorf, dem späteren Fliegerhorst Schönwalde.

Die Ansichtskarten-Serie des Fliegerhorstes ist Ernst Waldenberg zu verdanken, einem ehemaligen Schönwalder Flugschüler, der heute in Wansdorf wohnt und seit 1938 die Serie komplett aufbewahrt hat. Hier der Haupteingang mit der Wache. *Foto: Sammlung Waldenberg*

Der Scharnhorst-Ring mit der Fliegerhorst-Kommandantur in der Mitte und den Unterkunftsgebäuden für die Fliegerhorst-, Luftnachrichten- und Kfz-Kompanie. *Foto: Sammlung Waldenberg*

begann der Bau des Fliegerhorstes. Zunächst entstand auf der nordöstlichen Seite des Geländes ein Komplex von Holzbaracken, in denen etwa 1500 Bauarbeiter untergebracht wurden. Sie errichteten in kurzer Zeit in Tag- und Nachtarbeit einen Fliegerhorst, der den damals modernsten Gesichtspunkten entsprach und sich auch vorteilhaft in das Landschaftsbild einfügte. Das größte Problem beim Bau des Flugfeldes war die Entwässerung der Teufels-Bruch-Wiesen. Hier machten sich umfangreiche Meliorationsarbeiten erforderlich, zu denen das Ausbaggern des Muhr-Grabens ebenso gehörte wie das Ausbessern und Anlegen zahlreicher Entwässerungskanäle sowie der Bau einer Pumpstation (Schöpfwerk Nieder Neuendorf) an der Mündung des Nieder Neuendorf-Kanals in die Havel. Für die ständige Entwässerung des künftigen Rollfeldes sollte ein dichtes Netz von Abflußrohren unter der Grasnarbe sorgen, die über Einstiegsschächte erreichbar waren. Später mußte zur Instandhaltung dieses Dränagesystems, das sehr schnell verstopfte, sogar eine sogenannte Kanalkolonne eingesetzt werden. Die Sowjetarmee, die nach Kriegsende ebenfalls diesen Flugplatz nutzte, vernachlässigte übrigens zunächst diese Arbeiten und hatte deshalb in jedem Frühjahr mit Überschwemmungen zu kämpfen.

Nach Abschluß der aufwendigen Entwässerung überdeckte man die gesamte, etwa 1 km² große Flugplatzfläche mit einer dicken Kiesschicht, um die Saugfähigkeit des Erdreichs zu erhöhen und ein Hochfrieren zu verhindern. Der zum Planieren benötigte Kies stammte aus dem nördlich gelegenen Jungfern-Damm und wurde mit Feldbahn-Loren und Fuhrwerken herantransportiert. Ungeachtet aller Schwierigkeiten gelang es bis September 1935, also in ziemlich kurzer Zeit, eine brauchbare Graspiste anzulegen. Als weitaus problematischer noch erwies sich der Bau der Kasernen im Teufels-Bruch. Schon nach zwei Spatenstichen quoll das Wasser aus dem Erdreich, und auch der Versuch, den Teufels-Bruch mit einer Feldbahn zu überwinden, die die Baumaterialien von der westlichen Zufahrtsstraße zu den östlich gelegenen Baustellen transportieren sollte, scheiterte. Der für die Bahn errichtete Knüppeldamm versank im Wasser. Um wasserdichte Fundamente für die Gebäude herstellen zu können, wurden, um nur ein Beispiel zu nennen, die sehr flach in die Erde eingelassenen Keller der Unterkunftsblöcke in Wannenform aus Spannbeton gegossen. Man sprach deshalb von „schwimmenden Gebäuden".

Heute, nach mehr als sechzig Jahren, kann man mit Erstaunen beobachten, daß die meisten dieser Keller noch immer trocken sind! Die Bauleitung hatte es nicht leicht, den militärischen Bauforderungen des RLM gerecht zu werden. Eine dieser Forderungen bestand in der Errichtung von splitter- und brandbombensicheren Dächern, und so baute man auf dem Großteil der Gebäude ein Doppeldach, d.h. ein Schutzdach aus Spannbeton und darüber einen herkömmlichen ziegelgedeckten Dachstuhl. Der finanzielle Aufwand spielte offenbar überhaupt keine Rolle.

Ein kleines Denkmal am Langemark-Ring. *Foto: Sammlung Waldenberg*

Die Terrasse der Kantine (Küche I) am Langemark-Ring, die im September 1935 in Betrieb genommen wurde. An der Stelle mit dem hohen Baum entstand 1939 ein zusätzliches Unterkunftsgebäude.
Foto: Sammlung Waldenberg

Der Bau des Fliegerhorstes vollzog sich in drei Abschnitten. Zu den ersten Gebäuden, die die Bauleitung termingerecht zur Einweihung des Flugplatzes am 29. September 1935 an den zukünftigen Kommandeur Major Petersen übergab, gehörten das Flugleitungsgebäude mit der Befehlsstelle, die Halle 1, die Werfthalle, die Küche I mit Kantine, drei Mannschaftsblöcke am Langemark-Ring, die Hauptwache sowie die dazugehörige Infrastruktur. An der Errichtung dieser Gebäude waren zahlreiche Baufirmen aus der näheren Umgebung Schönwaldes und vor allem aus Berlin beteiligt. Aus Hennigsdorf kamen unter anderem die Tiefbaufirma Tiedtke - sie betonierte die Rollbahnen - und die Firma Klein, die Erd- und Straßenbauarbeiten verrichtete. Insbesondere letztere konnte dadurch zahlreichen Hennigsdorfer Arbeitslosen helfen, wenn auch nur bis zu jenem Tag, an dem auch sie das Gewehr anstelle des Spatens zu schultern hatten. Aufträge erhielten auch kleinere Firmen wie Elektromeister Krabiell aus Hennigsdorf, der die Hindernisbefeuerung an den Gebäuden - hausüberragende Holzmasten mit roter Lampe - anbrachte, die elektrischen Anlagen einer Kaserne, des Schwimmbades und des Heizwerkes Nord installierte sowie Blitzableiter montierte.

Aus Berlin und Umgebung stammten beispielsweise die Hoch- und Tiefbaufirmen Paul Florian (Spandau) und Paul Binder (Kaulsdorf), die gemeinsam ab 1936 die Kommandantur sowie die Gebäude am Scharnhorst-Ring, Garagen und Trafo-Häuschen errichteten. Im Herbst 1936 bezogen die Flugzeugführerschule (FFS), die vordem in Holzbaracken hinter der Halle 1 einquartiert war, und die Fliegerersatzabteilung (FEA) die zuletzt fertiggestellten Blöcke am Langemark-Ring. Die der Kommandantur direkt unterstellten Kompanien belegten die Mannschafts-Blöcke an der Hauptwache am Scharnhorst-Ring, der Anfang 1937 fertiggestellt wurde. Gegenüber der Hauptwache auf der anderen Straßenseite waren 1936 zwei einzelne Wohnhäuser, eines für den Kommandeur Petersen und das zweite für Amtmann Kersten, sowie 1937 nördlich der Wache neun Zweifamilienhäuser für Stabsoffiziere bezugsfertig. Die Baulichkeiten entsprachen einem Baustil, der sich auch für den heutigen Betrachter angenehm in die Erlen-Bruchlandschaft einfügt. Im Zuge des weiteren Ausbaus der Flugplatzanlagen entstanden 1937 Funkfeuer, eine Beleuchtung für die Start- und Landebahn und für die Rollbahnen. Damit war ein wichtiger Schritt zum Nachtflugbetrieb getan.

Der „Feurige Elias" am Bahnhof Nordwache (1940). Die Dampflok vom Typ T 3 mit dem Eigentumszeichen B-Sp3 (Berlin-Spandau) verband ab 1938 über ein Anschlußgleis die Bötzowbahn mit dem Fliegerhorst.
Foto: Thriene

1939 wurde die Fliegerersatzabteilung in ein Regiment umgewandelt und infolgedessen die Erweiterung des Flugplatzes und der Kasernenanlage als zweiter Bauabschnitt in Angriff genommen. Als Schwerpunkte galten die Kaserne „Großer Ring", die Flugzeughallen 3 bis 5, das Anschlußgleis zur „Bötzowbahn", die Wohnsiedlung für die Unteroffiziere in Schönwalde und das Freibad. Mit dem Bau des dringend benötigten Anschlußgleises stieg auch die Transportkapazität, denn die Osthavelländische Kreisbahn (OHKB; ab 1940 OHE - Osthavelländische Eisenbahn AG) mit ihren elf Omnibussen mit Hänger war der Beförderung der enorm angestiegenen Zahl von „Landsern" und Zivilbeschäftigten des Flugplatzes schon lange nicht mehr gewachsen. 1939 gehörten dem Fliegerausbildungsregiment 11 immerhin rund 3000 Mann an. Den neuen Dampflok-Personenzug nannten die Schönwalder liebevoll „Feuriger Elias", mit dem nun auch die Verbindung vom Fliegerhorst nach Berlin-Spandau, Hennigsdorf, Nauen sowie Velten hergestellt war. Ab 1942 unterstützte der „Rasende Roland", ein vierachsiger Triebwagen, den „Feurigen Elias". Das Anschlußgleis war auf dem Flugplatzgelände teilweise doppelgleisig angelegt worden und erlaubte auf diese Weise einen voneinander unabhängigen Personen- und Güterverkehr. Die zwei Passagierbahnhöfe befanden sich an der Haupt- sowie an der Nordwache; der Güterbahnhof am Hauptlager diente zugleich als Kohle-Umschlagplatz und besaß darüber hinaus Zapfstellen zum Entleeren der Tankwagen.

Im Frühjahr 1939 zog die Fliegerschule in die neu entstandene Kaserne „Großer Ring" um und machte den „Langemark-Ring" für das Fliegerausbildungsregiment frei. Dort entstand in dieser Zeit ein weiteres Unterkunftsgebäude. Mit dem Ausbruch des Krieges verschlechterte sich die Situation in bezug auf die Bautätigkeit; die Termine der geplanten Vorhaben für den zweiten Bauabschnitt verschoben sich in der Folgezeit nach hinten. Zahlreiche Arbeitskräfte wurden für wichtige Rüstungsaufgaben abgestellt oder einberufen, und es gab Verzögerungen bei der Zuteilung von Baumaterialien. So konnten die Flugzeughallen 3 bis 5 und einzelne Gebäude am Großen Ring erst Ende 1940 fertiggestellt werden. Ende 1939 begann die Übergabe der ersten von 30 Zweifamilienhäusern der Unteroffizierssiedlung, die im Laufe des Jahres

1940 bezogen wurden. Während des Krieges begann als dritter Abschnitt der Bau einer befestigten Start- und Landebahn, da die Luftwaffenführung die Stationierung von Transportfliegereinheiten in Schönwalde plante. Dem vorausgegangen war im Herbst 1942 die Errichtung einer 500 m langen Betonpiste für die Landung schwerer Transportflugzeuge, die 1943 mit Asphalt auf 1000 m verlängert wurde. Die Planierungsarbeiten für den Bau einer zweiten SLB in Ost-West-Richtung begannen zwar noch, aber mußten aufgrund von Materialmangel noch im selben Jahr eingestellt werden. Damit fanden die Bauarbeiten ihren endgültigen Abschluß. Im Verlaufe des Krieges blieb der Fliegerhorst von größeren Zerstörungen verschont. Durch Notabwurf eines US-amerikanischen Bombers (vermutlich einer Luftmine, auch als Wohnblockknacker bezeichnet) wurde Anfang Januar 1945 der Nordflügel des Offizierskasinos zerstört und das ganze Gebäude unbewohnbar. Dabei kam ein Feuerwehrmann ums Leben.
Außerdem zerstörte eine weitere Luftmine den Westflügel der Küche II am Großen Ring. Beide Ruinen, deren Überreste noch heute zu finden sind, wurden nach dem Krieg durch die sowjetische Armee abgetragen; die Ziegelsteine fanden anderweitig Verwendung. Von der großen Werfthalle und vom Hangar 3 sind nur noch die Betonfundamente übriggeblieben, da deren Stahlkonstruktionen 1947/48 demontiert und als Reparationsleistung in die Sowjetunion transportiert wurden. Am 20. September 1953 wurde der Eisenbahnbetrieb eingestellt und das Gleis demontiert.

Entscheidende Kriterien für die Errichtung des Fliegerhorstes in Schönwalde:

- Der Teufels-Bruch bestand aus einer ebenen und zusammenhängenden Fläche minderwertigen Nutzbodens, der nach Entwässerung eine entsprechende Bebauung erlaubte.
- Als infrastrukturelle Voraussetzungen waren vorhanden:
  - Die Normalspurbahn von Spandau-West nach Bötzow, auch „Bötzow-Bahn" genannt, für den Bau eines Anschlußgleises
  - die Straßenanbindung von Schönwalde nach Berlin, Potsdam, Oranienburg und Nauen
  - das Märkische Elektrizitätswerk Hennigsdorf (MEW), zur Versorgung mit Elektroenergie.
- Die Nähe von Berlin versprach einen vorteilhaften Einsatz der Luftfahrzeuge bis hin zur Nutzung als Ausweichplatz.
- Die am Fliegerhorst angrenzenden Waldflächen gestatteten die gedeckte Unterbringung der Flugzeuge.

Blick auf die Befehlsstelle des Fliegerhorstes, von der Kasernenseite aus gesehen. Hier befanden sich die Flugleitung, die Wetterstelle und die Funkstelle. Auch der Kommandeur, die Lehroffiziere und Fluglehrer waren hier untergebracht. *Foto: Sammlung Waldenberg*

Die Mannschaftsunterkünfte des FAR 11 am Langemark-Ring.
Foto: Sammlung Waldenberg

Das Freibad des Fliegerhorstes im Sommer 1942. Dahinter ist das Offizierskasino zu sehen, das Anfang 1945 durch eine Luftmine zerstört wurde.
Foto: Fischer

Die Freiterrasse der Unteroffizierskantine. Links im Hintergrund die General-Wever-Straße als Nord-Süd-Magistrale. *Foto: Sammlung Waldenberg*

Die Hauptstraße führte von Osten (links) an der Unteroffizierskantine vorbei nach Westen (rechts) zur Hauptwache. *Foto: Sammlung Waldenberg*

Die ersten Hausherren

Entsprechend dem Aufstellungsbefehl des RLM über den Aufbau der „Fliegergruppe Hennigsdorf", (so die Tarnbezeichnung für die Fliegerersatzabteilung 42), traf am 1. Juli 1935 unter Major Petersen, dem späteren Kommandeur, ein Vorkommando auf dem mit „Sportflugplatz Hennigsdorf" geheimnisvoll umschriebenen Fliegerhorst Schönwalde ein. Das Kommando machte sich in diesem Monat nicht nur mit den Örtlichkeiten, den ersten fertiggestellten Flugplatzanlagen und mit dem Ausbildungsbetrieb der als „FÜS (DLV) Hennigsdorf" getarnten Flugzeugführerschule Schönwalde vertraut, sondern begann auch bereits mit dem Aufbau der Bodenorganisation. Aus diesem Gebilde entstand schließlich der „Fliegerausbildungsstab Hennigsdorf", der für den Aufbau der Kommandantur und der Fliegerersatzabteilung/Flugzeugführerschule verantwortlich zeichnete. Der Kommandeur der FEA/FFS fungierte gleichzeitig als Fliegerhorstkommandant. Bis zum 1. Januar 1936 lautete die Bezeichnung Fliegerhorstkommandantur (D) Hennigsdorf und erst danach Schönwalde, die dem Flughafenbereichskommando 4 (Staaken) unterstand. Das D stand übrigens für Kommandantur kleinster Ordnung.

Am 1. April 1936 teilte man ihr einen Fliegerhorstnachrichtenzug zu, der die Ln-Stelle (Luftnachrichten-Stelle) der Garnison aufbaute. Nach der Übernahme des (nach Kriegsende gesprengten) Nachrichtenbunkers begann auch die Fernsprech-Vermittlung zu arbeiten. Zu diesem Zeitpunkt hatte die Fliegerhorstkommandantur im wesentlichen eine koordinierende Funktion. Ihr oblag es, die fertiggestellten Bauten zu übernehmen, für die Verwaltungen, die Küchen, die Post, die Heizwerke oder die Abteilung Landwirtschaft/Schafzucht das benötigte zivile Personal einzustellen, alle Anlagen in Betrieb zu nehmen und die militärische Sicherung zu organisieren. Im Herbst 1936 wurde die Fliegerhorstkommandantur (D) in die Kategorie A umgewandelt. Sie nannte sich nunmehr Fliegerhorstkommandantur 27/IV und erhielt den Befehl, die Fliegerhorst-, Luftnachrichten- und Kfz-Kompanie entsprechend ihrem Stellenplan in voller Stärke aufzustellen.

Heinkel He 72 in der Platzrunde über Schönwalde. Obwohl das Fotografieren streng verboten war, wurde die Kamera meist heimlich mit an Bord genommen, um ein Erinnerungsfoto zu schießen. Foto: Fischer

Ein Foto, das einen damals Kopf und Kragen kosten konnte. Dennoch ging der Flugschüler Arno Fischer dieses Risiko ein, als er 1941 aus 1500 m Höhe dieses interessante Bild schoß: rechts im Bild der Muhr-Graben, ganz vorn rechts die Siedlung Schönwalde, das Dorf Schönwalde im Vordergrund links und im Hintergrund links der Flugplatz mit den Kasernen. *Foto: Fischer*

VOM DEUTSCHEN LUFTSPORT-VERBAND ZUR FLUGZEUGFÜHRER-SCHULE

Im Jahre 1934 nahm die Flieger-, Übungs- und Ausbildungsstelle (FÜS) Hennigsdorf auf dem ehemaligen Werksflugplatz Nieder Neuendorf den Flugbetrieb auf. Flugbegeisterte Jugendliche aus Schönwalde und Umgebung schulten dort auf Motor- und Segelflugzeugen.

Das RLM hatte die FÜS Hennigsdorf als eine von insgesamt 18 FÜS des Luftkreises II (Berlin) aufgestellt. Sie war jedoch nicht identisch mit der Fliegerortsgruppe Hennigsdorf, die ebenfalls dort flog und unter der Bezeichnung Sturm II/30 (1935) bzw. Sturm III/25 (1938) bekannt war. Die Flieger der FÜS Hennigsdorf waren allesamt Mitglieder des am 25. März 1933 gegründeten Deutschen Luftsport-Verbandes e.V. (DLV), der von jenem Tag an als einzige Organisation die sportfliegerische Betätigung in Deutschland gestattet war. Andere, politisch unabhängige Vereine waren nicht geduldet und mußten aufgelöst werden. 1937 geschah dies auch mit dem DLV, und die gesamte organisatorische Struktur wurde vom Nationalsozialistischen Fliegerkorps (NSFK) übernommen.

Fehlte es in den Luftsportgruppen vor 1934 oftmals an Geld, um die bei der fliegerischen Ausbildung anfallenden Kosten begleichen zu können, so gab es nach der Gleichschaltung aller Vereine durch die Nationalsozialisten hiermit keine Probleme mehr. Das Reich unterstützte, mit gezielter Weitsicht auf ihre militärischen Pläne, die Luftsportgruppen sowohl materiell als auch finanziell und organisatorisch.

Wesentlich konkreter war bereits die FÜS Hennigsdorf in die militärischen Pläne eingebunden. Sie sollte die Zeit bis zu dem im Herbst 1936 vorgesehenen Ausbildungsbeginn der Flugzeugführerschule (FFS) Schönwalde mit luftsportlichen Aktivitäten überbrücken. In Wahrheit war sie also ein unter dem Deckmantel der Sportfliegerei getarntes paramilitärisches Ausbildungszentrum.

Das Fluggerät - Motorflugzeuge vom Typ Udet U 12a, Dietrich-Gobiet DP IIa, Albatros L 101 und L 102 oder Klemm L 20 sowie Gleitflugzeuge der Baumuster Grunau 9 und Zögling - stellten die Deutsche Verkehrsfliegerschule GmbH (DVS) Staaken und die Reklamestaffel Mitteldeutschland des DLV aus Döberitz-Elsgrund zur Verfügung. Größere Maschinen wie die Junkers F 13, W 33 oder Ju 52 kamen von der Deutschen Lufthansa in Berlin-Tempelhof.
Auf den kleineren Flugzeugen bildete die FÜS Hennigsdorf ihre Piloten, die beim Flugdienst stets die DLV-Uniform trugen, bis zum Sportfliegerschein A2 aus. Während andernorts für den Erwerb dieses Scheines damals noch bis zu 3000 Reichsmark zu zahlen waren - ein Betrag, den sich viele junge Männer in ihrer Begeisterung vom Munde absparten -, war die FÜS Hennigsdorf in der Lage, kostenlos auszubilden.
Das Lehr- und Bodenpersonal der FÜS setzte sich in der Regel aus Angehörigen der DLH Berlin-Tempelhof und der DVS in Staaken zusammen, die von der Luftwaffe zunächst ehrenamtlich und später, etwa ab 1935, hauptberuflich eingesetzt wurden. Zu letzterem zählt der Spandauer Ernst Voigt (Jahrgang 1911), der am 1. Januar 1936 als junger Fluglehrer in Schönwalde eintraf. Hier sein Bericht:

"Wir acht Fluglehrer waren eine Mischung aus erfahrenen Weltkriegs- und namhaften Nachkriegs-Piloten aus der Reichswehr und von der Lufthansa sowie jungem, talentierten Nachwuchs. Ausnahmslos alle flogen aus Gründen der Tarnung als Zivilfluglehrer und trugen im Dienst eine blaugraue Montur ähnlich der der Lufthansa-Piloten.
Ich gehörte zu den Nachwuchs-Fluglehrern der FÜS und hatte meine Ausbildung 1934 in Stettin absolviert. Zunächst war ich in Schönwalde als Fluglehrer tätig und später als Gruppenfluglehrer - bis zum Beginn des Krieges als Zivilist und danach im Unteroffiziersrang. Erst 1940 wurde ich als Feldwebel zur E-Stelle Rechlin versetzt.

Zu den bekanntesten Ausbildern der FÜS, und bei vielen, die damals dabei waren, noch heute in bester Erinnerung, zählten die Kunstflieger Robert „Bobby" Weichelt und sein österreichischer Kollege Silvester Wannek, der etwas später hinzustieß. Mit ihren tollkühnen Flugmanövern verstanden sie es, Zuschauer und Flugschüler gleichermaßen in ihren Bann zu ziehen. Am gefragtesten neben ihren solistischen Darbietungen war die von den beiden Lehrern ausgebildete Schönwalder Kunstflug-Kette/-Staffel, die für alle Besucher immer wieder eine Attraktion darstellte.

Robert „Bobby" Weichelt (links) vor seiner Dietrich-Gobiet DP IIa, D-514, in Staaken. Die Luftwaffe hatte dieses Flugzeug für ihn gechartert, und die Maschine stand ihm persönlich für seine Lehrtätigkeit bei der FÜS Hennigsdorf 1934 bis 1936 zur Verfügung. *Foto: Sammlung Bukowski*

Bis zur Aufnahme seiner Tätigkeit in Schönwalde - zuvor war er auch noch Fluglehrer in Münster (1930) und bei der DVS Staaken (1934) gewesen - hatte sich „Bobby“ Weichelt recht und schlecht mit Reklameflügen und seiner „Kunstflugstaffel Weichelt“ über Wasser gehalten. Im September 1930 erzielte er übrigens auf seiner Messerschmitt M23b, D-1837, einen Rückenflugrekord von 47 Minuten Dauer.

In Schönwalde flog Weichelt seit 1935 als Kettenführer (vergleichbar mit dem Dienstgrad Leutnant) des DLV bzw. als Privatfluglehrer der FÜS. Für letztere war er ein großer Gewinn, weil er von Anbeginn hohe Maßstäbe in die fliegerische Ausbildung setzte. Wie hoch die Luftwaffe „Bobby“ Weichelts Tätigkeit schätzte, mag man auch daraus ersehen, daß das RLM für ihn persönlich bei der Fliegerschule Bornemann in Staaken einen zweisitzigen, kunstflugtauglichen Doppeldecker vom Typ Dietrich-Gobiet DP IIa Bussard gechartert hatte, der ihm für die Ausbildung zur Verfügung gestellt wurde. Gemeinsam mit Silvester Wannek erreichte Weichelt in der Kunst- und Verbandsflugausbildung schließlich ein Niveau, das die Fliegerschule Schönwalde landesweit bekanntmachte. Darüber hinaus schmiedeten beide in enger Zusammenarbeit mit ehemaligen Weltkriegsfliegern, die nunmehr der Luftwaffe angehörten, von 1937 bis 1939 ein fast fünfzigköpfiges, hochqualifiziertes Fluglehrerkorps, das bis zum Beginn des Krieges den guten Ruf von Schönwalde begründete. 1939 verließen beide die Fliegerschule. Weichelt wurde Einflieger bei den Erla-Flugzeugwerken in Leipzig und Wannek ging als Leutnant zum Jagdgeschwader 2 nach Döberitz-Elsgrund.

Als weiteren prominenten Kunstflieger möchte ich unbedingt den „Alten Adler“ Willi Gabriel erwähnen. Im Ersten Weltkrieg hatte der Vizefeldwebel in Richthofens Jagdgeschwader 1 elf Abschüsse erzielt, und von 1928 bis 1935 betrieb er gemeinsam mit seinem Bruder eine kleine Flugzeugwerkstatt in Berlin-Johannisthal, aus der, wie die Gabriel P 5 oder G 8 Wespe, zahlreiche Eigenbau-Sportflugzeuge stammten. Daneben flog der versierte Kunstflieger in den Filmen „D-III-88“ (1938) und „Quax der Bruchpilot“ (1941) die schwierigsten Flugszenen. Als Oberfeldwebel/Gruppenfluglehrer ließ er sich 1936 reaktivieren, und Anfang der vierziger Jahre verließ er als Hauptmann die Fliegerschule, um sich erneut mit seinem Bruder dem Flugzeugbau zu widmen."

Ernst Voigt, hier in der Fliegermontur mit dem DLV-Emblem auf der rechten Brustseite, war von 1936 bis 1940 Gruppenfluglehrer der FFS A/B 11 Schönwalde. Foto: Voigt

Im Juli 1935 verlegte die FÜS Hennigsdorf vom ehemaligen AEG-Werksflugplatz zum Sportflugplatz Hennigsdorf, wie er damals noch hieß. Die Angehörigen der FÜS quartierten sich provisorisch in Holzbaracken am Heizwerk I ein; die Flugzeuge wurden in der bereits fertiggestellten Werfthalle untergestellt und gewartet. Zu diesem Zeitpunkt trennte sich die FÜS auch vom Segelflug und ging zur reinen Motorflugausbildung über. Erst später, aus der FÜS war inzwischen eine Flugzeugführerschule der Luftwaffe geworden, nahm man wieder eine horsteigene Segelflugausbildung auf, und zwar mit Schleppwinden und Schleppflugzeugen auf dem Oststreifen des Flugfeldes. Diese Ausbildung nahm ab 1937 das NSFK in seine Regie. 1940 wurde der Segelflugbetrieb in Schönwalde eingestellt, weil durch die verstärkte Motorflugausbildung nach Kriegsbeginn die Platzverhältnisse ein gemeinsames Fliegen auf dem Gelände nicht mehr zuließen. Die Segelflugzeuge wurden auf den Arbeitsplätzen Gardelegen, Kreuzbruch und Friedersdorf stationiert, und als kleines Trostpflaster stellte man den Segelfliegern Schleppflugzeuge, unter anderem eine Arado 66, zur Verfügung.

Messerschmitt Me 108 Taifun. Das Sport- und Reiseflugzeug fand vereinzelt in der B1-Ausbildung Verwendung. *Foto: Sammlung Dr. Koos*

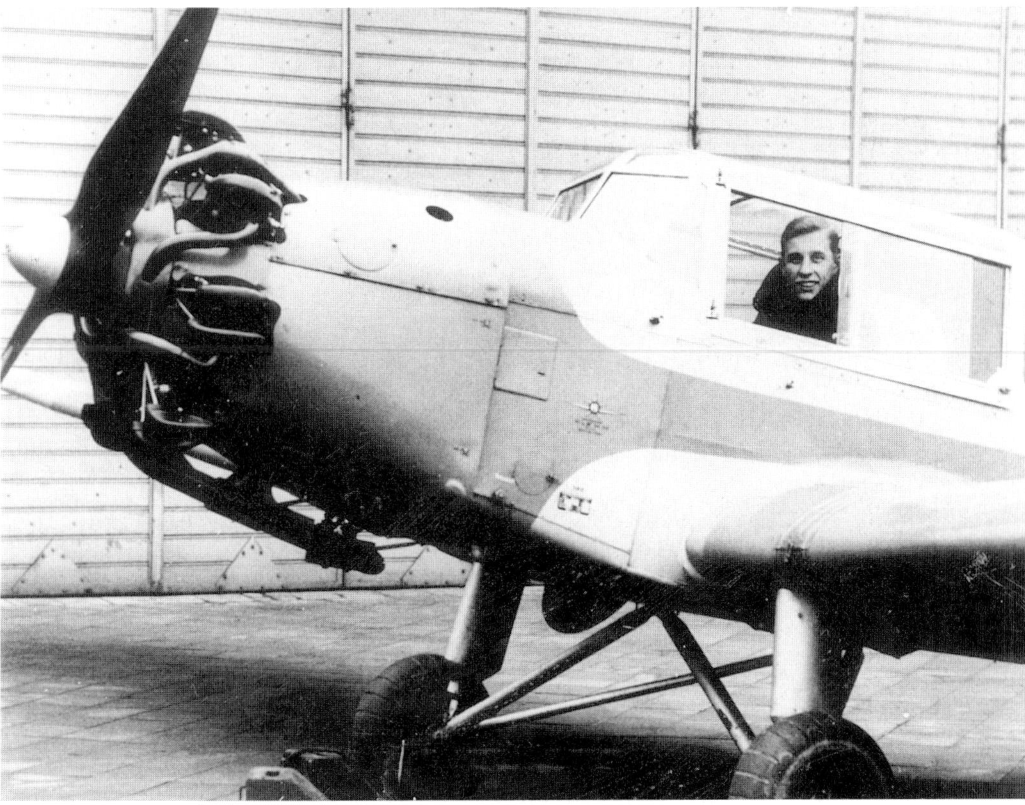

Eine der beliebten viersitzigen Reisemaschinen des Stabes der FFS Schönwalde vom Typ Klemm Kl 31, D - IDIN, mit Gruppenfluglehrer Ernst Voigt in der Kabine im Februar 1937. *Foto: Voigt*

Kunstflieger und Flugzeugbauer Willi Gabriel, der 1938 in den Fliegerfilmen "D-III-88" und "Quax der Bruchpilot" die schwierigsten Flugszenen flog, hier als Zivil-Gruppenfluglehrer (Mitte) im Jahre 1937 auf dem Schönwalder Flugfeld. *Foto: Voigt*

Gruppenfluglehrer Ernst Voigt, auf der Tragfläche des einstigen weltersten Ganzmetall-Leichtflugzeugs Junkers A 50 sitzend, in Schönwalde 1936. Er lebt heute in Berlin-Spandau. *Foto: Voigt*

Am 1. August 1935 übernahm Major Petersen das Kommando über die FÜS Hennigsdorf. Von den bisherigen Geheimhaltungsbestimmungen war man zwar mit der offiziellen Gründung der Luftwaffe am 1. März 1935 abgekommen und aus der FÜS (DLV) war nun eine FÜS der Luftwaffe geworden, aber aus Tarnungsgründen trug das Personal auch weiterhin die Uniform des DLV. Fliegerisch gab es jedoch eine ganz wesentliche Veränderung: Die Ausbildung war um den Kurvenkampf und den Verbandsflug ergänzt worden und wurde nun nicht mehr mit dem Sportfliegerschein, sondern mit dem Luftwaffen-Flugzeugführerschein abgeschlossen. Im September 1935, also nach neunmonatiger Bauzeit, war der Flugplatz mit seinen wesentlichen Anlagen (Graspiste, Vorfeld, Halle 1, Werfthalle und Befehlsgebäude) fertiggestellt. Flugbetriebsseitig war er aber noch nicht in das Netz der Fliegerhorste des Luftkreiskommandos II (Berlin) eingegliedert. Dafür fehlten nach den Bestimmungen der Luftwaffe noch einige strukturelle Voraussetzungen, beispielsweise eine Halle mit befestigtem Hallenvorfeld für jede Schulstaffel oder feste Unterkünfte für das Lehrpersonal ebenso wie für die Schüler und das technische Personal. Diese Anlagen befanden sich noch im Bau.
Am 29. September 1935, einem Sonntag, wurde der Flugplatz offiziell eröffnet. An der Feier nahm unter anderem der Reichsluftsportführer und Präsident des DLV Oberst Bruno Loerzer teil, Träger des Pour-le-Merité, der im Ersten Weltkrieg 44 Luftsiege errungen hatte. Vorausgegangen waren der Einweihung jedoch heftige Proteste einiger Schönwalder, die mit der Verwendung von "Hennigsdorf" als Ortsbezeichnung für „ihren" Fliegerhorst nicht einverstanden waren. Schließlich hatten sie das Land für den Aufbau des Flugplatzes abgegeben. Loerzer, von Petersen über diese Unmutsäußerungen informiert, verkündete denn auch in seiner Ansprache die Namensänderung in Fliegerhorst Schönwalde, die offiziell am 1. Januar 1936 in Kraft trat. Daneben wurde die Fliegergruppe Hennigsdorf in Fliegerersatzabteilung 42 umbenannt.

Ihrem Ende zu neigte sich nunmehr auch das Ausleihen von Schulflugzeugen aus Staaken, Döberitz und Tempelhof. Die inzwischen fertiggestellten Hangars auf der Südseite des Platzes erlaubten jetzt die Ausrüstung des Fliegerhorstes mit einem eigenen Flugzeugpark. Schon 1936 konnte man am Himmel über Schönwalde mit der Fw 44 Stieglitz oder der He 72 Kadett die seinerzeit modernsten Schulmaschinen der Luftwaffe beobachten.

Seit Jahresbeginn 1936 befaßte sich Major Petersen mit der Aufstellung der für die Ausbildung von Rekruten vorgesehenen Fliegerersatzabteilung 42. Die Angehörigen dieser Einheit trugen - ebenso wie die der Flugzeugführerschule - noch bis zum Herbst 1936 ganz unterschiedliche Uniformen und Effekten, um vor den Teilnehmern der Olympischen Spiele die gezielte Aufrüstung zu verbergen. Dennoch war die Zielstellung bereits klar formuliert: Der Luftwaffenführung zum Jahresende nicht nur die vollzogene Umwandlung der FÜS in eine Flugzeugführerschule A, sondern auch die Arbeitsbereitschaft der ab Oktober 1936 in FEA 12 umbenannten vier Kompanien für die Rekrutenausbildung zu melden. Das wußte natürlich auch die Bauleitung, die rechtzeitig die dafür benötigten Mannschaftsunterkünfte am Langemark-Ring fertigstellte.
Ende 1936 hatten in Schönwalde die ersten Piloten den Luftwaffen-Flugzeugführerschein A2 erworben. Danach wurde die Schülerkompanie schrittweise auf sechs Gruppen mit jeweils 30 Flugschülern vergrößert, um der Luftwaffe „alle zwei Monate eine Gruppe ausgebildeter Flugzeugführer" zur Verfügung stellen zu können. Allerdings wurde dieses Ziel erst im Laufe des Jahres 1937 erreicht, denn die FEA 12 mußte zunächst die dafür erforderlichen Rekruten ausbilden, um, mit dem entsprechenden Nachweis der Flugtauglichkeit versehen, die Flugzeugführeranwärter zur FFS kommandieren zu können. Bis zum Abschluß des ersten, über sechs Monate laufenden militärischen Grundlehrgangs im Frühjahr 1937 wurden die Schülergruppen mit Bewerbern von außerhalb aufgefüllt. Zum Jahresende 1937 wiederum übergab die FFS Schönwalde die ersten von ihr und zuvor von der FEA 12 ausgebildeten Flugzeugführer an die fliegenden Verbände. Der Übersicht über die Bezeichnungen der FÜS/FFS ist übrigens zu ent-

FFS A/B 11

Das Gebäude der Fliegerhorstkommandantur im Jahre 1994. *Foto: Zapf*

nehmen, daß sie erst nach vielem Hin und Her von der Luftwaffenführung die Einstufung als A/B-Schule erhielt. Entsprechend setzte sich auch der Flugzeugpark aus Maschinen der Klassen A2 bis B2 zusammen. Die Sollstärke für den Bestand an Schulflugzeugen war ab 1939 auf 96 Maschinen festgelegt; 45 Flugzeuge für die A2-Ausbildung, 21 für die B1- und 30 für die B2-Ausbildung.

Heinrich Rosenberg (1916 bis 1996) war von 1937 bis 1939 zunächst Flugschüler und dann Fluglehrer in Schönwalde. Hier sein Bericht:

"Ich kam 1937 in die Schülerkompanie der Flugzeugführerschule Schönwalde. Zuvor hatte ich im Segelflug die A-Prüfung erflogen. In Schönwalde wurde ich innerhalb eines Jahres zum Flugzeugführer ausgebildet, wobei ich den A-, B1-, B2- und den Kunstflugschein erwarb. Dazu ist zu bemerken, daß man bei der Luftwaffe die Flugzeugführerscheine entsprechend den Flugzeugklassen unterteilte. Die Ausbildung begann daher immer auf A-Flugzeugen, und danach stieg man auf die B1- und B2- sowie K-Typen um. Die dafür zu erfüllenden Bedingungen waren in der Luftverkehrsordnung (LVO) genau festgelegt, doch galten sie eigentlich nur für die zivile Fliegerei. Die Luftwaffe hielt sich natürlich vom Prinzip her daran, aber sie schraubte die Anforderungen noch wesentlich höher. Auf dem Weg zum Flugzeugführerschein wurde zunächst ein Zwischenschein abgelegt, der den Flugschüler zu Überlandflügen berechtigte. Dann folgten Kunst-, Nacht-, Instrumenten-, Navigations-, Verbands- und Höhenflüge, und hinzu kam die Umschulung auf verschiedene Muster bis hin zu den K-Typen. Nach erfolgreichem Abschluß der Flugzeugführerschule im Jahre 1938 blieb ich in Schönwalde als Fluglehrer. Mein unmittelbarer Vorgesetzter war der sogenannte Gruppenfluglehrer, in meinem Falle ein in der Zivilfliegerei erfahrener Pilot, dem fünf Fluglehrer unterstanden, von denen jeder fünf Schüler betreute. Soweit ich mich entsinne, waren insgesamt sechs bis sieben Gruppenfluglehrer tätig. Die Zahl der Schüler eines Lehrgangs sank ständig, weil durch Krankheit, Flugunfall oder Fluguntauglichkeit zahlreiche Schüler ausfielen."

Das Stammpersonal der Schule war inzwischen auf mehr als 500 Offiziere, Unteroffiziere, Mannschaften und Wehrmachtsbeamte angewachsen. Die Anzahl der Gruppen der Schülerkompanie steigerte man 1939 von sechs auf zwölf, um der Forderung der Luftwaffe nach „30 ausgebildeten Flugzeugführern pro Monat" gerecht werden zu können. Die Ausbildungszeit betrug zehn bis zwölf Monate, und die meisten der eintreffenden Flugschüler hatten bereits zwei, manchmal auch drei Jahre lang eine Segelflugausbildung genossen.

Sechszehn junge Flieger der FEA 42, die sich hier, vor ihrer Unterkunft im „General von Walter-Haus" am Langemark-Ring, im Frühjahr 1936 dem Fotografen stellten. Doch die Jahre des Friedens sind inzwischen gezählt. Die meisten von denen, die auf diesem Foto abgebildet sind, verloren ihr junges Leben im Krieg. Doch wissen wir nur von Herbert A. W. Thomas (2. v.l., sitzend), was aus ihm geworden ist: 1944 als Oberleutnant in der Nachtjagd über England abgeschossen, kehrte er im Zuge eines Gefangenenaustausches als Schwerverletzter wieder nach Deutschland zurück. Foto: Sammlung Thomas

BESETZUNG DER PLANSTELLEN

Kommandeure der FÜS/FFS:

Major Jens-Peter Petersen	(12.10.1893 - 20.08.1971)	01.08.35 - 31.12.35
Major Stutz		01.01.36 - 30.06.38
Oberst Friedrich Cranz	(03.01.1890 - 17.03.1945)	01.07.38 - 25.08.39
Oberstleutnant Erich Schramm	(16.12.1894 - ?)	29.08.39 - 17.06.41
Oberstleutnant Hans Löw		18.06.41 - 13.06.42
Oberst Julius Kuse	(07.01.1891 - 09.03.1949)	14.06.42 - 13.08.43

(Oberst Kuse war ab 25.09.1942 zugleich Fliegerhorstkommandant).

Oberstleutnant Hans Schulz	14.08.43 - 22.08.43

Ausbildungsleiter der FÜS/FFS:

Hauptmann Rödiger	1936 - 1938
Major Otto Brandes	1938 - 31.05.40
Major Erdmann Brunow	01.06.40 - 31.03.42
Hauptmann Max Hellwig	04.10.42 - 29.08.43

Adjutant: Hauptmann Zechiel

Kompaniechefs:

Technische Kompanie: Hauptmann Damm

Stabskompanie: Hauptmann Stolle

Schülerkompanie: Oberleutnant Steigenberger
Oberleutnant Paul Held

Kommandeur der Kriegsoffizier-Schule: Oberleutnant Waschto

(Nach Sven Carlsen mit Ergänzungen von Manfred Zundel und Helmut Bukowski)

Unteroffizier Harry Lüdicke (Jahrgang 1914). Er war 1937 Angehöriger der FFS/FEA 12 Schönwalde und wohnt heute in Schildow.
Foto: Lüdicke

Oberstleutnant Schramm (rechts), Kommandeur der FFS A/B 11, und sein Ausbildungsleiter Major Brunow in Schönwalde 1941.
Foto: Sammlung Fischer

Die flugplatzseitige Fassade der Befehlsstelle wurde gern für Erinnerungsfotos genutzt. Hier der Kommandeur und Adjutant, die Lehroffiziere und Fluglehrer der FFS A/B 11 im Frühjahr 1942. Außerdem zu erkennen: Oberstleutnant Löw, der Schulkommandeur (8.v.r., sitzend) und der Fluglehrer Unteroffizier Arno Fischer (2. Reihe von oben, 8.v.r.).
Foto: Sammlung Rosenberg

Zur Erstausstattung der Fliegerübungsstelle Schönwalde gehörte 1935 ein Schwarm Sportflugzeuge vom Typ Klemm 35. Unter Leitung von „Bobby“ Weichelt entstand daraus eine Kunstflugstaffel, die einen beeindruckenden Verbandskunstflug vorführte. *Foto: Sammlung Aßmann*

Das „Sanatorium Schönwalde“

„Besuch im ‘Sanatorium Schönwalde’. Fliegerhorst Schönwalde hat nicht nur die modernsten Anlagen, er liegt auch idyllisch“ - unter dieser Überschrift veröffentlichte die Spandauer Zeitung am Mittwoch, dem 11. Januar 1939, folgenden Bericht:
Am gestrigen Tag stand der Fliegerhorst Schönwalde im Mittelpunkt einer großen Besichtigung. Zahlreiche Vertreter von Zeitungen der Reichshauptstadt und des Reiches waren gekommen, um einmal den Nachwuchs der Luftwaffe bei seinem Tagewerk zu besuchen und sich so ein Bild von der Ausbildung zu machen. Unter Leitung des Kommandeurs des Fliegerhorstes Schönwalde, Oberstleutnant Nicolaus Graf von Luckner, wurde den Männern der Presse eine anschauliche und eindrucksvolle Vorführung geboten. Zu Beginn hörten die Vertreter der Presse einen richtungsweisenden Vortrag über die Arbeit am Nachwuchs unserer Luftwaffe. „Im Gegensatz zum Heer“, erläuterte der Kommandeur, „wird die Ausbildung der Rekruten der Luftwaffe (Grundausbildung; d.A.) an den Fliegerersatzabteilungen vorgenommen. Somit haben sich also die übrigen Formationen der Luftwaffe - wie zum Beispiel die Flugzeugführerschulen - mit der Rekrutenausbildung nicht zu beschäftigen.“ Danach ging er mit den Gästen durch die modernen und gepflegten Kasernen-Anlagen zum Flugplatz. Unter seiner Führung sahen sie zunächst auf dem Flugfeld die verschiedenen Typen der Schulmaschinen: Da stand die Heinkel He 72 „Kadett“, Focke-Wulf Fw 44 „Stieglitz“, Bücker Bü 131 „Jungmann“ und auch die kleine Klemm Kl 35. „Diese vier Flugzeugtypen dienen den Flugschülern der Flugzeugführerschule Schönwalde zur Erlangung der A-Ausbildung, bis dann auf schweren und schwersten ‘Kisten’ die weitere B-Ausbildung erfolgt,“ präzisierte der Kommandeur. Dann wurde die Flugausbildung der Anfänger demonstriert. Den Gästen wurde nun eine Montagehalle gezeigt, wo geschulte und ausgesuchte Facharbeiter die technischen Arbeiten des Überholens der Maschinen und aufgetretene Schäden selbst ausbessern. Daß damit an das technische Personal höchste Ansprüche gestellt werden, wurde allen sofort klar, als der Kommandeur darlegte, daß es immerhin 18 verschiedene Flugzeugbaumuster sind, die im Fliegerhorst geflogen werden. „Das Personal hat aber immer einen vorzüglichen Geist bewiesen“, führte Graf Luckner aus, „und auch oft persönliche Opfer gebracht, die aus der großen Liebe zur Fliegerei geboren werden. Viele von ihnen wohnen im Osten Berlins und haben eine zweistündige Anfahrzeit. Um hier Abhilfe zu schaffen, wird demnächst eine Wohnsiedlung gebaut.“ Graf Luckner führte seine Gäste nun zum Sportgelände. Hier ist ein beeindruckendes Sport-Areal entstanden. Ein modernes Schwimmbad, das sogar vorgewärmtes Wasser haben wird (weil das sehr hohe Grundwasser eiskalt ist) und Tennisplätze warten auf ihre Einweihung, die in den nächsten Monaten erfolgen dürfte.
Stolz wies der Kommandeur auf die ideale Lage seines Fliegerhorstes hin, der rings von Wiesen und Wald umgeben ist. Die Lage ist so schön, daß die Flieger und Zivilisten, wenn vom Fliegerhorst Schönwalde gesprochen wird, ihn das „Sanatorium Schönwalde“ nennen.

Der Reichsminister der Luftfahrt und Oberbefehlshaber der Luftwaffe, Generalfeldmarschall Hermann Göring, inspizierte im Winter 1938/39 den Schönwalder Fliegerhorst. Unmittelbar hinter ihm der Kommandeur der Fliegerersatzabteilung und Fliegerhorstkommandant, Oberstleutnant Graf von Luckner.
Foto: Voigt

Dornier Do 23. Ein einziges Exemplar dieses Baumusters gab es in Schönwalde: Die 05+L32 unter Gruppenfluglehrer Ernst Voigt, der sie meist für die Beobachterlehrgänge in Schönwalde flog. Daneben kam die Maschine auch als Wetterflugzeug und für die Ausbildung auf mehrmotorigen Mustern zum Einsatz. Da das Fotografieren verboten war, konnte man ein Foto von ihr nur als Postkarte erwerben.
Foto: Sammlung Lüdicke

Göring nach der Besichtigung des Unterkunftsgebäudes "Lettow-Vorbeck-Haus" im Scharnhorst-Ring an der Hauptwache. Rechts: Der Befehlshaber des Luftgaukommandos Berlin, General der Flakartillerie Hubert Weise, links: Fliegerausbildungskommandeur Oberst Sommé, Verantwortlicher für die Flugzeugführerschulen. *Foto: Voigt*

Leutnant Heinrich Rosenberg (1916 bis 1996). 1937 kam er als Unteroffizier und Flugschüler (Foto) nach Schönwalde. Ein Jahr später war er Feldwebel und Fluglehrer. Seit 1940 Jagdflieger, wurde Heinrich Rosenberg 1942 beim JG 27 in Afrika verwundet. Vom Spätherbst 1944 bis April 1945 stellvertretender Fliegerhorst-Kommandant in Schönwalde. Ab 1965 Fluglehrer in Bad Oeynhausen und Prüfungsrat bei der Landesregierung in Münster. Seit 1974 lebte er auf Teneriffa. Foto: Rosenberg

Unten:
Oberst Nicolaus Graf von Luckner am 1. Februar 1940 nach seiner Beförderung.
Foto: Sammlung Luckner

Viel schöner: Das Segelfliegen

Die Segelfluggruppe des Fliegerhorstes, die von 1935 bis 1940 bestand, konnte sich kaum des Andranges der Jugendlichen aus der Umgebung erwehren. Der von allen Medien betriebene hohe propagandistische Aufwand, um die Begeisterung für die Fliegerei zu fördern, zahlte sich merklich aus, und so genoß die Luftwaffe unter den 14- bis 18jährigen ein hohes Ansehen.
Nachdem 1936 die FÜS zur FFS umgewandelt worden war, übernahm die Fliegerhorstkommandantur die Unterhaltung des Segelflugzeugparkes und das NSFK ab 1937 die Ausbildung und die Organisation. Eine Segelflugausbildung konnte auch das Luftwaffenpersonal der Garnison absolvieren, um später eine Flugzeugführer-Laufbahn einzuschlagen. Alle Fluglehrer mußten das Segelfliegerabzeichen C erwerben - das taten sie gern, denn „Segelfliegen war schöner", so die einhellige Meinung. Ebenso nutzten die Flugschüler jede Gelegenheit zum Segelfliegen auf den Arbeitsplätzen Gardelegen, Kreuzbruch und Friedersdorf, wo ab 1940 die Segelflugzeuge stationiert waren. Wie man sieht, schöpfte die Luftwaffe im Interesse der Befriedigung ihres Bedarfs an hochqualifizierten Flugzeugführern alle nur erdenklichen Reserven aus.

FLUG- UND BODENTECHNIK DER SEGELFLUGGRUPPE SCHÖNWALDE 1934 BIS 1940

Schulgleiter (für die Anfängerschulung)
1934 RRG Zögling, Zögling 35, Grunau 9
1939 SG 38

Übungssegelflugzeuge
1935 Grunau Baby
1937 Grunau Baby IIA
1940 Grunau Baby IIB

Leistungssegelflugzeug
1940 DFS Olympia-Meise

Doppelsitzer
1939 Grunau 8, Göppingen Gö 4
1940 DFS Kranich

Schleppflugzeuge
1935 Udet U 12a Flamingo, Klemm L 25, Arado Ar 66
1936 Klemm Kl 35A
1940 Klemm Kl 35B

Schleppwinden
1935 Opel Admiral,
Ford mit V8-Motor
1938 Röder-Winde

FLUGTECHNIK DER FLUGZEUGFÜHRERSCHULE (FFS) A/B 11 SCHÖNWALDE 1935 BIS 1943

A2-Ausbildung

- Startmasse	bis 1000 kg
- Besatzung	1 bis 3
- Landestrecke	bis 450 m
- Flugzeugtyp	Udet U 12a und U 12b Flamingo, Albatros L 101 und L 102, Dietrich-Gobiet DP IIa, Klemm L 25, Kl 35A/B/D, Kl 31, Focke-Wulf Fw 44 Stieglitz, Heinkel He 72 Kadett, Bücker Bü 131 Jungmann, Bü 133 Jungmeister, Bü 181 A/B Bestmann, Arado Ar 79

B1-Ausbildung

- Startmasse	bis 2500 kg
- Besatzung	1 bis 3
- Landestrecke	über 450 m
- Flugzeugtyp	Heinkel He 45, He 46, He 50, He 51, Focke-Wulf Fw 56 Stösser, Arado Ar 65, Ar 66, Ar 68F, Ar 76, Ar 96 A/B, Gotha Go 145A, Messerschmitt Me 108B Taifun

B2-Ausbildung

- Startmasse	bis 2500 kg
- Besatzung	1 bis 6
- Landestrecke	über 450 m
- Flugzeugtyp	Junkers F 13, Junkers W 33, W 34 hi, W 34 hau, Focke-Wulf Fw 58 C-1/C-2 Weihe, Heinkel He 70F, Siebel Si 104 A

Als K-Trainer fanden darüber hinaus Verwendung: Henschel Hs 123, He 45, He 46, He 50, He 51, Junkers Ju 87 und die Arado Ar 68.
Als Navigations- und Instrumentenflug-Trainer flogen die Junkers Ju 52 und Ju 86, und für Umschulungen waren zeitweilig Fieseler Fi 156 Storch in Schönwalde stationiert. Die Dornier Do 23 wurde für alle nur erdenklichen Zwecke eingesetzt.
Die Beobachter-Schule Schönwalde bildete auf Henschel Hs 122, Hs 126, Heinkel He 111 und Dornier Do 215 aus.

Während des Krieges kamen noch einige ausländische Baumuster hinzu: Caudron C-445 (Frankreich), Aero Ab-101 und Zlin Z-212 (Tschechoslowakei), Chance Vought SB-2/U-1 (USA; über Frankreich) sowie Jakowlew UT-1 (Sowjetunion).

(Zusammengestellt wurde die Übersicht auf der Grundlage von Flugbüchern zahlreicher ehemaliger Flugschüler.)

Die Klemm L 25, in mehreren Exemplaren 1935 in Schönwalde vertreten, wurde nach der Umwandlung der FÜS in die FFS A der Horst-Segelfluggruppe übergeben. An der rechten Rumpfseite prangt übrigens das DLV-Emblem, das 1937 vom Emblem des NS-Fliegerkorps abgelöst wurde.

Foto: Sammlung Dr. Koos

Soeben wirft der Pilot an der Luftschraube den Motor seiner Klemm L 25 an. Foto: Sammlung Bukowski

Ein Kullerchen erleichterte den Rücktransport zum Start des nur mit einer Kufe ausgestatteten Schulgleiters (SG 38 mit Boot). *Foto: Sammlung Bukowski*

Das zweisitzige Leistungssegelflugzeug DFS Kranich stand ab 1940 zur Verfügung und diente zur Ausbildung im Leistungssegelflug ebenso wie im Instrumentenflug. *Foto: Sammlung Zundel*

Klemm Kl 35. Dieses Muster war für die A2-Ausbildung bestimmt. Im Bild die Kl 35B mit Hirth HM 504 A-1, der eben mit einer Handkurbel angeworfen wird. Auch als Schleppflugzeug fand sie Verwendung. *Foto: Sammlung Zundel*

BEZEICHNUNGEN DER FLIEGERÜBUNGSSTELLE/ FLUGZEUGFÜHRERSCHULE SCHÖNWALDE IM ÜBERBLICK

FÜS (DLV) Hennigsdorf	Sommer 1934 - 31.12.35
FÜS (DLV) Schönwalde	01.01.36 - 30.11.36
FFS A Schönwalde	01.12.36 - 31.10.38
FFS A/B Schönwalde	01.11.38 - 31.03.39
Schule/FAR 11	01.04.39 - 30.09.41 (ab 1. September 1939 ohne Ortsbezeichnung)
FFS A/B 11	01.10.41 - 22.08.43

Im August 1943 wurde die FFS A/B 11 nach Neukuhren/Ostpreußen verlegt und bildete gemeinsam mit der dort stationierten FFS A/B 10 die Doppelschule FFS A/B 125.

(Nach Sven Carlsen mit Ergänzungen von Manfred Zundel und Helmut Bukowski)

Major Petersen, mit seiner Körpergröße alle anderen überragend, inspiziert eine Feuerwehrübung (1935). Im Hintergrund die Flugtechnik der FÜS: zwei Udet U 12b Flamingo, je eine Albatros L 101, Klemm L 25 und Arado 66C. *Foto: Sammlung Gottschalk*

DIE FLUGZEUGFÜHRERAUSBILDUNG AUF DER FFS A/B 11 IM JAHRE 1938

Ausbildungsprogramm/Bedingungen	Leistungsüberprüfungen

1. Ausbildungsabschnitt: Beherrschung des A/B-Typs in normalen Flug- und Wetterlagen

20 Schulflüge auf A2-Typ mit Lehrer	Überprüfungsflug
40 Schulflüge mit Einweisung in Gefahrenzuständen mit Lehrer	Erster Alleinflug Überprüfungsflug
30 Übungsflüge ohne Lehrer	3 Kontrollflüge
Slip-Einweisung und -Übungsflüge	Kontrollflug
Notlandeübungen	3 Notlandungen
Ziellande-Einweisung und -Übungen	3 amtliche Ziellandungen aus 1500 m Höhe
Achten-Einweisung und -Übungen	Amtliche Achten-Prüfung
Umschulung auf A2/B1-Typen mit Ziellandeübungen	4 amtliche Außenlandungen
60 Übungsflüge mit Außenlandungen	

Zwischenschein

Einstündiger Höhenflug in 2500 m Flughöhe mit anschließender Ziellandung	Amtlicher Höhenflug
Überlandflug-Einweisung, Überlandflüge mit mindestens zwei Zwischenlandungen	Amtlicher 300-km- Prüfungsflug
Höhenflug in 3500 m Flughöhe mit Ziellandung	Amtlicher Höhenflug
Achtstündiger Überlandflug mit zwei Zwischenlandungen	Amtlicher 600-km-Prüfungsflug

Streckenflugerfahrung: 3000 km

Flugzeugführerschein A2

2. Ausbildungsabschnitt: Beherrschung des A-, B- und K-Typs in allen Flug- und Wetterlagen

Navigationsflug auf C-Typ	
Kunstflug-Einweisung auf A2-/B1-Typ, Kunstflug-Übungen mit mindestens 5 Stunden Flugzeit	Amtliche Kunstflugprüfung B1
Höhenflug in 4500 m Höhe mit Sauerstoff-Atmungsgerät und anschließender Ziellandung	Amtlicher Höhenflug mit amtlicher Ziellandung
50 Übungsflüge auf B1-Typ	3 amtliche Ziellandungen
Nachtflug (mindestens 30 Minuten) und drei Ziellandungen bei Nacht, Instrumentenflug auf B1-Typ	

Flugzeugführerschein B1

Ausbildungsprogramm/Bedingungen	Leistungsüberprüfungen
Einweisung und Umschulung auf B2-Typ 50 Übungsflüge Umschulung auf K-Typ, 20 Übungsflüge Höhenflug in 4000 m Höhe auf K-Typ mit Ziellandung Verbandsflug-Einweisung und zehn Verbandsflug-Übungen	3 Kontrollflüge
Überlandflug-Einweisung auf B2-Typ, 2000 km Überlandflug mit zwei Zwischenlandungen Nachtflug (mindestens 30 Minuten) auf B1-/B2-Typ mit Höhenflug und drei Nachtziellandungen Instrumentenflug auf B2-Typ Streckenflugerfahrung: mehr als 10000 km	Amtlicher 800-km-Prüfungsflug

Flugzeugführerschein B2

Verleihung des Luftwaffen-Flugzeugführerscheins und des Abzeichens für Flugzeugführer mit Urkunde
Auszeichnung mit dem Ehrendolch

Anmerkungen:
Die Übersicht entstand auf der Grundlage von Flugbüchern ehemaliger Flugschüler der FFS A/B 11. Nicht aufgeführt wurde die Ausbildung in der Theorie, Technik sowie Bedienung der Bordbewaffnung.

Arado Ar 66C. Das B1-Flugzeug kam 1935 nach Schönwalde und blieb bis 1943 im Bestand.
Foto: Sammlung Kretzschmar

Heinkel He 72 Kadett, hier ein Werkfoto der Maschine mit Radverkleidung. Der Zweisitzer stand ab 1936 den Schulen als A2-Flugzeug zur Verfügung. Interessant auf diesem Foto der gleichzeitig als Schalldämpfer dienende Auspuffsammelring für den 7-Zylinder-Sternmotor Bramo Sh 14a.

Foto: Sammlung Kretzschmar

Ausbildungsweg zur Erlangung des Luftwaffen-Flugzeugführerscheins A/B 1935 bis 1939 (Variante)

Alter	Ausbildung
11 Jahre	Modellflug
12 bis 13 Jahre	Modellflug-Arbeitsgemeinschaft
14 bis 17 Jahre	Segelflugausbildung mit Werkstattarbeit 1933 bis 1937 im DLV ab 1937 im NSFK ab 1939 in der Flieger-Hitlerjugend (Pflicht) Ausbildungsziel: A-, B- oder C-Prüfung
18 bis 20 Jahre	1. Reichsarbeitsdienst (bis sechs Monate) 2. Wehrdienst bei der Luftwaffe 2.1 Rekrutenausbildung in der FEA (bis sechs Monate) 2.2 Flugzeugführerausbildung auf der FFS A/B (zehn bis zwölf Monate) Ausbildungsziel: Luftwaffen-Flugzeugführerschein A/B

Anmerkung: Eine weitere Variante zur Erlangung des Luftwaffen-Flugzeugführerscheins A/B stellte der Weg über die Offiziers-Lehrkommandos (OLK) bzw. Kriegsoffiziers-Schule in Schönwalde dar.

Focke-Wulf Fw 44 Stieglitz. Die ersten A2-Schulflugzeuge dieses Typs trafen 1936 in Schönwalde ein und ersetzten den Flamingo. *Foto: Sammlung Kretzschmar*

Arado Ar 76. Auf dem Bild die D-ITYU, die als eine der ersten Maschinen dieses Typs ab 1937 in Schönwalde flog. *Foto: Sammlung Galke*

Focke-Wulf Fw 56 Stösser. Das B1-Flugzeug flog ab 1937 in größerer Stückzahl in Schönwalde und fand beim Kunst- und Höhenflug ebenso Verwendung wie beim Üben des Kurvenkampfes.
Foto: Sammlung Kretzschmar

Heinkel He 45 in Schönwalde (1938). *Foto: Sammlung Bukowski*

Junkers W 34 hi (hi - Handanlasser innen). Das B2-Flugzeug beim Abbremsen auf dem Schönwalder Flugfeld im Jahre 1937. *Foto: Sammlung Galke*

Gruppenfluglehrer Unteroffizier Kurt Krüger.
Foto: Krüger

Unten:
Heinkel He 50. Als Stuka konnte diese Konstruktion nicht mit der Ju 87 konkurrieren. Die D-IDAO wurde 1937 der FFS Schönwalde als K-Flugzeug zugewiesen. Die zwei Streifen auf dem Rumpf kennzeichnen die Maschine als Schulflugzeug.
Foto: Sammlung Galke

Vorn der Lehrer, hinten der Schüler

Kurt Krüger (1915-1997) aus Essen war von 1936 bis 1942 Fluglehrer, Gruppenfluglehrer, Kunst- und Blindfluglehrer einer FFS A/B der Luftwaffe. Er flog zwar nicht in Schönwalde, sondern in Neukuhren/Ostpreußen, aber der von ihm geschilderte Ablauf der Ausbildung unterschied sich kaum von dem, wie ihn die Flugschüler auf dem Wege zum Flugzeugführer in der FFS A/B 11 erlebten:

Voranstellen möchte ich, daß ab 1937/38 als Grundlage für die Flugzeugführerausbildung die Ausbildungsvorschrift der Luftwaffe LDV 5 diente. Zuvor hatte jeder Fluglehrer seine Schüler so ausgebildet, wie er es selbst für richtig hielt.
Die praktische Fliegerei begann mit einem einstündigen Einweisungsflug in 300 bis 500 m Höhe. Hier erhielt der Schüler die Gelegenheit, sich an die Fortbewegung durch die Luft zu gewöhnen. Es folgte das Erlernen des Geradeausfluges mit dem Halten der Querlage und der Richtung sowie dem Einhalten der Flughöhe. Als nächstes erlernte er das Steuern von Kurven, wobei der Abstand vom oberen Rand des Motors zum Horizont strikt einzuhalten war. Etwas schwieriger schon gestalteten sich die Steilkurven, weil hier mit dem Seitenruder gegengesteuert werden mußte.
Beim Steigflug flog man mit Vollgas, und um gleichmäßig zu steigen, war es wichtig, den Abstand vom oberen Rand des Motors zum Horizont nicht zu verändern. Zugleich war die Querlage und darüber hinaus die Richtung zu einem ausgewählten Blickpunkt zu halten.
Ähnlich der Gleitflug, bei dem der Motor jedoch im Leerlauf arbeitete und das Flugzeug ständig sank. Auch hier peilte der Schüler einen Blickpunkt an, um die Richtung einzuhalten. Er drückte die Nase etwas nach unten und hielt sie konstant unter dem Horizont. Der Fahrtmesser der He 72 oder Fw 44 zeigte in diesem Flugzustand ca. 130 km/h Geschwindigkeit an.
Beherrschte der Schüler den Gleitflug, dann war es nicht mehr weit bis zur Beherrschung einer einwandfreien Landung. Erst danach wurde ihm der Start beigebracht, und wie der ablief, soll die folgende Schilderung verdeutlichen:

Zunächst rollte der Schüler zum Start; im Unterschied zu heute saß er hinten und der Fluglehrer vorn. Durch Handzeichen gab der Lehrer den Start frei. Der Schüler schaute geradeaus und suchte sich weit voraus einen Blickpunkt. Dann schob er den Gashebel nach vorn und mit ziemlicher Kraftanstrengung drückte er den Steuerknüppel ebenfalls nach vorn. Um zu verhindern, daß das Flugzeug in diesem Momemt, bedingt durch das Drehmoment der Luftschraube, nach links ausbrach, steuerte der Pilot mit dem Seitenruder gegen.
Das Flugzeug nahm Fahrt auf, der Schwanz - wie die Flieger das Heck nennen - hob sich, und mit zunehmender Geschwindigkeit ließ auch der Steuerdruck nach. Den Knüppel mußte der Schüler schon sehr gefühlvoll handhaben, um die Längsachse des Flugzeugs waagerecht zum Erdboden zu halten. Dann wurde der Druck auf den Steuerknüppel noch geringer, man gab dem nach und spürte, wie das Flugzeug sich von der Erde lösen wollte. Noch ein wenig gezogen, und schon war man in der Luft. Dann wieder ein wenig nachgedrückt, das Flugzeug holte Geschwindigkeit auf; das Gas etwas zurückgenommen, und man ging in den Steigflug über. Sofern irgendetwas in diesem Handlungsablauf dem Fluglehrer nicht gefiel, zeigte er das durch Handzeichen an, die man vorher abgesprochen hatte. Eine Bordsprechanlage gab es nämlich noch nicht.
Weiter stieg das Flugzeug - bis auf 200 m Höhe über Grund. Der Schüler reduzierte die Drehzahl auf etwa 1800 U/min und drückte nach, um die Normalfluglage einzunehmen. Es folgte eine Linkskurve von 90 Grad, nach einigen Sekunden die zweite 90-Grad-Linkskurve, und das Flugzeug befand sich nunmehr parallel zur Landebahn, allerdings entgegen der Startrichtung. In dieser Phase der Platzrunde galt es, in der vorgeschriebenen Höhe zu fliegen, den Flügel nicht hängen zu lassen und die Richtung mit Hilfe eines am Horizont ausgewählten Blickpunktes zu halten. Darüber hinaus mußte man den Luftraum beobachten, um eine Kollision mit einem anderen Flugzeug von vornherein auszuschließen.

Inzwischen hatte die Maschine das Flugfeld überquert, und der Landeanflug war vorzubereiten. Dafür waren zunächst wiederum zwei 90-Grad-Kurven erforderlich. Nach der zweiten sah der Pilot die Landebahn mit dem Landekreuz vor sich und schätzte die Entfernung zu ihm ab. Schließlich nahm er das Gas heraus und begann mit dem Gleitflug, der möglichst gleichmäßig erfolgen sollte. Eine Verkürzung oder Verlängerung des Anfluges war selbstverständlich möglich und oftmals auch angebracht: Entweder man slipte oder gab eben noch einmal Gas. Allerdings führte jede Änderung des Flugzustandes insbesondere bei unerfahrenen Pi-

loten zu einem unruhigen Anflug, und gerade den konnte man in Bodennähe am allerwenigsten gebrauchen, weil dann meist auch die Landung selbst mißlang.

Aber soweit sind wir bei diesem Flug (glücklicherweise) noch nicht. Zunächst also zog man vorsichtig am Steuerknüppel, hob auf diese Weise die „Schnauze" etwas an, und sowohl die Vorwärts- als auch Sinkgeschwindigkeit des Flugzeuges verringerte sich - die Phase des „Aushungerns" hatte begonnen. Während sich die Maschine langsam, aber stetig dem Boden näherte, zog der Flugschüler den Steuerknüppel gefühlvoll weiter durch, bis das Flugzeug den kritischen Anstellwinkel erreicht hatte und mit voll gezogenem Knüppel weich und auf dem Hauptfahrwerk und dem Spornrad gleichzeitig aufsetzte. So sah eine saubere Dreipunktlandung aus.

Weniger schön war die sogenannte Bumslandung, bei der man den Steuerknüppel zu früh durchgezogen hatte und das Flugzeug kurz vor dem Aufsetzen noch einmal jäh an Höhe gewann, um dann durchzusacken. Ebenso die Radlandung, weil man zu spät gezogen hatte und das Flugzeug durch den harten Aufprall nochmals nach oben sprang.

Die Landung mit modernen Landehilfen, wie sie auch damals schon Verwendung fanden, unterschied sich nur unwesentlich von der beschriebenen Dreipunktlandung. Lediglich der Gleitwinkel war steiler und die Phase des Ausschwebens kürzer.

Nach dem Aufsetzen hielt man den Knüppel am Bauch und steuerte mit dem Seitenruder das Flugzeug geradeaus bis zum Stillstand. Erst danach durfte man in die sogenannte neutrale Zone einkurven und an den Start zurückrollen. War jedoch die Ausrollgeschwindigkeit noch viel zu hoch beim Einkurven, dann riskierte man einen „Ringelpietz".

Die hier beschriebene Platzrunde absolvierte der Schüler 50 bis 100 Mal - eben so lange, bis er jeden einzelnen Schritt vollständig beherrschte.

War der Schüler reif für den Alleinflug, dann legte der Fluglehrer seine Hände auf die Sichtverkleidung, damit der Schüler Vertrauen zu sich selbst bekam. Vor diesem ersten Alleinflug - ein großes Ereignis für jeden Flugschüler - mußte er einen Überprüfungsflug mit dem Gruppen-Fluglehrer bestehen.

Die besten Bedingungen für die ersten Alleinflüge boten die Abendstunden, weil die Luft ruhig sowie der Ausbildungsbetrieb eingestellt war und der Schüler den ganzen Platz für sich allein zur Verfügung hatte. Hatte der Schüler schließlich seine vier bis fünf Platzrunden ganz allein und zur Zufriedenheit seines Lehrers absolviert, durfte er für diesen Tag Schluß machen.

Der Schönwalder Flugschüler Uffz Willi Dietrich mit He 50 im Jahre 1938 über dem brandneuen Olympiastadion von Berlin. Foto: Sammlung Galke

Am darauffolgenden Tag mußte er nochmals eine Überprüfung über sich ergehen lassen, ehe er wieder allein starten durfte. Ab jetzt mußte er sich auch bemühen, immer am Landekreuz aufzusetzen, denn wer die Ziellandung beherrschte, war auch bei einer Notlandung in der Lage, die Maschine sicher und ohne Bruch zu Boden zu bringen. Aus diesem Grund wurden auch ständig Ziellandungen mit simuliertem Motorausfall geübt, und zwar aus 700 m Höhe genau über dem Landekreuz, ohne den Gashebel zu betätigen.

Einen hohen Stellenwert in der Ausbildung maß man dem Verhalten in besonderen Fällen bei. Dazu gehörten solche Situationen wie der Motorausfall mitten im Startvorgang, das Durchstarten, weil die Landebahn besetzt ist, die Landung mit beschädigtem Fahrwerk oder bei Rückenwind.

Ein ebenso wichtiges Kapitel in der Flugzeugführerausbildung waren die Notlandeübungen. Der Lehrer flog mit dem Schüler durch die „Geografie", plötzlich nahm er das Gas heraus und imitierte auf diese Weise einen Motorausfall. Der Schüler mußte blitzschnell ein mögliches Landefeld ausmachen und erkunden, woher der Wind weht. Erkannte der Lehrer, daß der Schüler die richtigen Entscheidungen getroffen hatte und auch der eingeleitete Landeanflug im Ansatz zufriedenstellend war, wurde weitergeflogen. Daß diese Notlandeübungen nicht ganz risikolos waren, beweisen die vielen Unfälle, die dabei geschahen.

Während die Anfangsschulung auf A2-Typen vorgenommen wurde, flogen die Fortgeschrittenen auf B1- und B2-Flugzeugen. Ihnen folgten die K-Typen, also Flugzeuge, die zuvor als Jäger, Schlachtflugzeuge oder Nahaufklärer im Truppendienst Verwendung gefunden hatten. Jedes dieser Muster besaß eigene Flugeigenschaften, die der Flugschüler kennen mußte. Das sogenannte Typenfliegen war jedoch nicht ganz ungefährlich, weil besonders bei den einsitzigen Maschinen der Schüler von Beginn an ganz auf sich allein gestellt war. Natürlich hatte ihm der Lehrer zuvor die Schwachstellen und Besonderheiten des neues Flugzeuges erläutert, aber erfliegen mußte sich der Schüler das Flugzeug praktisch allein.

Damals kamen auch die ersten Flugzeuge mit verstellbaren Luftschrauben auf, die ganz anders geflogen werden mußten. Und so mußte der Flugschüler jeden Tag neue Anforderungen meistern, die wahrlich nicht alle bestanden. In hohem Maße hing sein Erfolg allerdings auch vom Können des Fluglehrers ab. Er mußte sich nicht nur durch überdurchschnittliches fliegerisches Können auszeichnen - immerhin hatte er oft mehrere Muster am Tag zu fliegen und das im Kunst-, Blind- oder Verbandsflug -, sondern auch durch pädagogische Fähigkeiten, zu denen Einfühlungsvermögen ebenso gehörte wie ein vorbildliches Auftreten im und außer Dienst. So erwarb er sich das unbedingte Vertrauen seiner Flugschüler und war ihnen zugleich Vaterfigur, Kamerad und Vorgesetzter.

Einen Flugschüler konnte man nicht in ein Schema pressen. Jeder mußte und wollte anders angefaßt werden. Der eine war sehr sensibel, der andere brauchte eine harte Hand. Der eine begriff sehr schnell und wurde ebenso schnell leichtsinnig; bei dem anderen dauerte alles etwas länger, aber dafür erwies er sich als hundertprozentig zuverlässig. Geduld und Selbstbeherrschung - auch das gehörte zu einem guten Fluglehrer.

Die tägliche Arbeit des Lehrers zeichnete sich durch selbständiges und eigenverantwortliches Handeln aus. Frühmorgens ging er zur Wetterwarte, studierte die Wetterlage und entschied, je nach Ausbildungsstand seiner Schüler, welche Maschinen an diesem Tag benötigt würden: bei gutem Wetter die Kunstflugzeuge oder auch Maschinen für den Verbands-, Blind- oder Überlandflug. Danach plante er die Flüge, und der eigentliche Flugdienst begann mit der Flugvorbesprechung oder bereits mit dem Abfertigen der Überlandflüge. Bei letzterem erhielt der Schüler einen Flugauftrag; danach studierte er die Karte, rechnete sich die Kurse aus und holte das Wetter ein. Waren alle Vorbereitungen abgeschlossen, meldete sich der Schüler beim Fluglehrer ab. Der wiederum kontrollierte noch einmal die Unterlagen, und war alles in Ordnung, so erteilte er dem Schüler den Startbefehl. Meistens hatte der Lehrer mehrere dieser Schüler losgeschickt, und waren sie schließlich alle gestartet, dann flog er oft zur Kontrolle mit einer schnelleren Maschine hinterher. Er befand sich dann meist schon auf dem nächsten Zwischenlandeplatz, als die Schüler nacheinander eintrafen, und konnte so deren Anflugverfahren genau beobachten oder gelegentlich, bei Schwierigkeiten mit dem Motor zum Beispiel, auch helfen. Bei einer Not- oder Außenlandung entschied er, ob die betreffende Maschine wieder starten dürfe.

Dies als kleiner Einblick in die flugpraktische Ausbildung an der FFS A/B. Mir ist diese Tätigkeit als schöner Lebensabschnitt in guter Erinnerung geblieben.

Am Startkontrollpunkt - oder „Eismann“, wie der zweirädrige Startwagen (rechts) oft genannt wurde - warten die Flugschüler auf ihre Starteinteilung. *Foto: Sammlung Aßmann*

Bücker Bü 133 Jungmeister. Das einsitzige, nur in geringer Stückzahl gebaute Kunstflugzeug war bei den meisten Piloten recht beliebt. *Foto: Sammlung Kretzschmar*

Tankpause auf dem Arbeitsplatz Kreuzbruch (He 72 Kadett). *Foto: Sammlung Petrick*

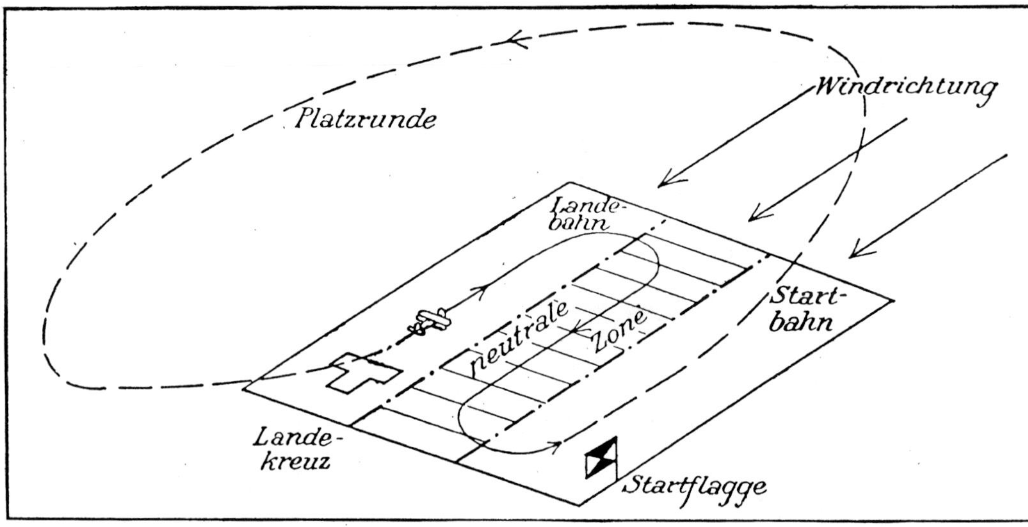

Die Platzrunde *Zeichnung: Sammlung Bukowski*

Junkers Ju 52/3m. In der Anfangszeit des Fliegerhorstes Schönwalde stellte die Lufthansa Flugzeuge dieses Typs für die Navigationsausbildung der Flugschüler zur Verfügung. *Foto: Sammlung Bukowski*

Heinkel He 51. 1938 erhielt die FFS Schönwalde zwei K-Flugzeuge dieses Typs, die S2+J21 und S2+J84, als Leihgabe von der Jagdfliegerschule Werneuchen, bei der die ersten Me 109B eingetroffen waren.
Foto: Sammlung Galke

Heinkel He 45. Der FFS A/B standen zahlreiche von der Luftwaffe ausgemusterte Aufklärungsflugzeuge dieses Typs als K-Flugzeuge für Übungsflüge zur Verfügung. Anstelle des MG-Kranzes wurde in Schönwalde ein zweiter Pilotensitz mit Doppelsteuer installiert. *Foto: Sammlung Kretzschmar*

Arado Ar 68F. Das einsitzige Jagdflugzeug wurde 1938, nach der Einführung der Me 109, in größerer Stückzahl als K-Flugzeug an die Flugzeugführerschulen abgegeben. Auf dem Bild eine Ar 68F des JG 134. *Foto: Sammlung Kretzschmar*

Der Krieg beginnt

Emil Wenda aus Wolfslake war Feldwebel in der Luftnachrichtenkompanie und erfuhr auf diese Weise viel mehr als alle anderen Soldaten. Damals war er aus Geheimhaltungsgründen verpflichtet zu schweigen, aber das ist heute nicht mehr erforderlich. Hier sein Bericht über die letzten Tage und Stunden vor dem Beginn des Krieges, der fünfeinhalb Jahre anhalten sollte:

Am 24. August 1939 wurde die Garnison Schönwalde in einer Zeit der Ruhe, wie sie vor einem Sturm herrscht, von einer Neuigkeit überrascht. Ein Fernschreiben war eingetroffen, das den Befehl enthielt, Beurlaubungen bis auf weiteres einzustellen und sofort alle Urlauber im Inland ohne Angabe von Gründen zurückzurufen. Eine Erklärung dafür suchte man in dem Schreiben vergebens. Wenige Tage später schon konnte man sich einen Reim darauf machen, als Deutschland mobil machte. Allerdings dachte kaum jemand an die schrecklichen Konsequenzen, die ein Krieg für unser Land haben würde.

Im Laufe dieses Tages fiel ohne Ankündigung die 3. Staffel des Kampfgeschwaders 3 mit ihren lautstarken Do 17 in Schönwalde ein. Niemandem von uns war die Existenz dieses Geschwaders überhaupt bekannt. Erst ein entsprechender Befehl von General Wimmer, dem Oberbefehlshaber des Luftkommandos Ostpreußen, schuf Klarheit. Danach überschlug sich geradezu der Kommandant des Fliegerhorstes mit seinen Anordnungen zur Zuweisung eines Dezentralisierungsraumes am bewaldeten Platzrand, zur Vorbereitung von Quartieren, Zuteilung von Kräften zur Sicherstellung der Wartung und Nachrichtenverbindungen sowie zur Bereitstellung von Fahrzeugen. Da zu dem Zeitpunkt von der I. Gruppe des KG 3 lediglich die 3. Staffel als Kern aufgestellt war, existierte auch noch keine Flughafenbetriebskompanie für diesen Truppenteil. Außerdem befand sich der Geschwaderstab in Heiligenbeil/Ostpreußen, wo das KG 3 für den Angriff auf Polen in Bereitschaft lag.

Am darauffolgenden Tag, dem 25. August, wurde die Garnison Schönwalde von „g.Kdos"-Fernschreiben (Geheime Kommandosache) geradezu überflutet. Aus dieser Fülle seien nur folgende genannt: Die Garnison habe ihre Fliegerabwehrgeschütze und -maschinengewehre in Stellung zu bringen und scharfe Munition auszugeben. Der Ausweichflugplatz Eichstedt sei einsatzklar zu

Henschel Hs 123. Das Sturzkampfflugzeug mußte bei der Luftwaffe zunächst der Ju 87A weichen und diente ab 1939 als K-Flugzeug. Das Muster, das in Tarnbemalung in Schönwalde flog, trug gleich zwei Spitznamen: „Obergefreiter" und „Henschel eins-zwo-drei". *Foto: Sammlung Kampowski*

machen und der Scheinflugplatz Pausin aufzustellen. Die Luftnachrichtenkompanie habe zwei schwere 1-kW-Funkstationen südlich des Horstes zu stationieren und eine Ferntastleitung einzurichten. Darüber hinaus dürfe der Fliegerhorst nur aus dienstlichen Gründen verlassen, Außenschläfer sowie verheiratete Unteroffiziere mußten über den Umgang mit Zivilisten belehrt werden. Am Abend ging folgendes schicksalschwere Fernschreiben ein: „Erster Mobilmachungstag ist der 26. August 1939 für die gesamte Luftwaffe."

Während die Bevölkerung ahnungslos ihrer friedlichen Arbeit nachging, wurde an jenem Tag der Mobilmachungskalender, der minutiös alle Handlungen in der Garnison enthielt, aus dem Panzerschrank geholt. Nach Bekanntgabe des Mob-(X)-Befehls erfolgte die Ausgabe der entsprechend vorbereiteten Umschläge.

Mit dem Tag X trat das Wehrmachtsgebührnisgesetz in Kraft, und für die Luftwaffe galt nunmehr die Verpflegungsvorschrift der Wehrmacht. Signalmunition wurde ausgegeben, und man gab die Leuchterkennungssignale der deutschen Flugzeuge im Kriegsfall bekannt. Aus einem anderen Fernschreiben ging hervor, daß der Schul- und Übungsbetrieb einschließlich NSFK-Segelflugausbildung ab sofort einzustellen sei.

In den folgenden Tagen vom 27. bis 31. August 1939 trafen ganze Ströme von Reservisten und Einberufenen in Schönwalde ein. Sie wurden eingekleidet, ausgerüstet, mit Soldbuch und Erkennungsmarke versehen und in den Ausbildungsbetrieb eingereiht.

In der Kommandantur bestimmten Tages-, Vollzugs-, Aufstellungs- und Einsatzbereitschaftsmeldungen das Geschehen.

Die Bestände an Flugkraftstoff und -schmierstoffen, an Verpflegungsgütern und Munition wurden entsprechend den Normativen aufgefüllt, Kraft- und Spezialfahrzeuge, Bekleidungs- und Ausrüstungsstücke durch die Gruppe Verwaltung aufgekauft bzw. eingefordert. Der Dienstbetrieb war mit der Ausbildung im Flugzeugerkennungsdienst und der Auswertung von Fluglagemeldungen ausgefüllt.

Auch in der Werft herrschte Hochbetrieb. Dort setzte man die ausgebauten Bordwaffen wieder in die K-Flugzeuge ein, und zusätzlich zu den bereits laufenden OLK/ULK wurden weitere ins Leben gerufen.

Am siebenten Mobilmachungstag, dem 1. September 1939, startete die 3./KG 3 im nebligen Morgengrauen ebenso klammheimlich, wie sie eine Woche zuvor in Schönwalde eingefallen war. Um 04.45 Uhr begann der Angriff auf Polen.

Für viele Schönwalder Flieger kam der Kriegsbeginn überraschend. Trotz der intensiven kriegsmäßigen Ausbildung hatten die meisten gehofft, daß die Luftwaffe, gerade weil sie so schlagkräftig war, die Sicherung des Friedens mit gewährleisten würde. Viele reagierten nachdenklich, denn die Leiden und Entbehrungen des Ersten Weltkrieges waren manchem noch in allzu frischer Erinnerung.

Nach einer Woche Flugverbot wurde der Schulflugbetrieb - allerdings auf Platznähe beschränkt - wieder aufgenommen. Vom Scheinflugplatz Pausin mußten die Flächen-Flugzeugattrappen wieder entfernt - sie hatten sich als ungeeignet erwiesen - und durch Attrappen realer Konfiguration und Abmessungen ersetzt werden. Das dauerte allerdings eine geraume Zeit.

Als weiterer Reinfall erwies sich der Ausweichflugplatz Eichstedt, der für die schnelle Verlegung von Schulflugzeugen aus Schönwalde zum Schutz vor gegnerischen Schlägen ausersehen worden war und nun während einer Übung praktisch erprobt werden sollte. Ausweichplätze bezeichnete man übrigens auch als „Schattenplätze", wo man im Schatten der Bäume, ohne Auslichtungen vornehmen zu müssen, die Maschinen am Waldrand oder an der Landstraße unterziehen konnte. Als Start- und Landebahn genügte eine ebene und trockene Wiese; Unterkünfte, Platzbefeuerung oder Einrichtungen für Funkführungsanlagen gab es nicht. Außer dem Mähen des Grases bedurfte so ein Platz keiner weiteren Unterhaltung, für die ein sogenannter Platzlandwirt zuständig war.

Der Ausweichflugplatz Eichstedt war bereits 1936 angelegt, allerdings niemals erprobt worden. Das sollte sich jetzt bitter rächen, obwohl die ersten Maschinen noch gut „runterkamen". Aber dann - nach wenigen Landungen und Starts schon - verwandelte sich das Flug- und Rollfeld mit seinem weichen Boden in einen so bösartigen Sturzacker, daß die Räder der Flugzeuge ebenso wie die der Tankwagen und Nachrichtenfahrzeuge stecken blieben. Einige Maschinen bildeten gar ein soge-

nanntes Fliegerdenkmal - sie standen kopf! Nach diesem Chaos wurde die Übung sofort abgebrochen, mit der Bergung der „Vögel" und der Suche nach einem neuen Ausweichplatz begonnen.

Nach Beendigung des Feldzuges gegen Polen meldete sich eine ganze Anzahl erfahrener Luftwaffenangehöriger aus Schönwalde zu jenen Einsatzverbänden, die neu aufgestellt wurden. Da jedoch diese Versetzungen zu einem empfindlichen Aderlaß der Garnison geführt hätten, lehnte der Chef Ausbildung diese Anträge ab.

Nachdem ich von 1935 bis 1940, also von Beginn an, in Schönwalde gedient hatte, führte mich auch mein Weg an die Front.

Im Oktober 1939 erging an alle Flugzeugführerschulen der Befehl, die seit langem von den Einsatzgeschwadern ausgemusterte Hs 123, hier eine Maschine in Kreuzbruch, wieder einsatzfähig zu machen. Dazu wurden wieder die Bombenaufhängungen unter den Tragflächen angebracht und die beiden Maschinengewehre oberhalb der Motorhaube eingebaut. *Foto: Kampowski*

Arado Ar 96B. Im Jahre 1939 trafen die ersten Exemplare dieses modernen Standard-Schulflugzeuges der Luftwaffe in Schönwalde ein. *Foto: Preiß*

Das Gesicht der Arado Ar 96 (1938) *Foto: Sammlung Bukowski*

Die Arado Ar 96B lief seit 1939 bei den Arado-Werken in Babelsberg vom Band. Im Verlaufe des Krieges wurde sie in den Zweigwerken (AGO, Avia, Letov) hergestellt. *Foto: Sammlung Kretzschmar*

Flugschüler in der Ar 96B üben den Verbandsflug. Am Bug prangt das Wappen von Danzig (1943).
Foto: Müggenburg

Arado Ar 96A in Schönwalde 1941. Für die Flugschüler ein Flugzeug zum Verlieben. Beim Schulbetrieb auf der Graspiste wurden häufig die Fahrwerksabdeckungen abgenommen. *Foto: Fischer*

Flugschüler Kurt Hammel im Jahr 1940 auf Fw 44 Stieglitz, P C + N F / P D + N F (unten). Foto: Sammlung Petrick

Gotha Go 145. Der Doppelsitzer flog ebenfalls in der B1-Ausbildung und unterschied sich von den anderen Schulflugzeugen dadurch, daß der Schüler vorn saß. *Foto: Sammlung Zundel*

Bücker Bü 131 Jungmann. Das zweisitzige A2-Flugzeug stand in Schönwalde in großer Stückzahl für die Anfänger- und Kunstflugausbildung zur Verfügung. Am Rumpfbug dieser Maschine das Danziger Wappen; ganz rechts Flugschüler Günter Müggenburg aus Falkensee. *Foto: Müggenburg*

Junkers W 33. Das ehemalige Frachtflugzeug der Deutschen Lufthansa flog ab 1936 als B2-Schulflugzeug in Schönwalde. Hier eine Aufnahme aus dem Jahre 1939. *Foto: Preiß*

Junkers W 34 hau (hau - Handanlasser außen). Das B2-Schulflugzeug war ab 1939 am Himmel von Schönwalde zu sehen. Als interessante technische Details sind zu erkennen: die hölzerne Vierblatt-Luftschraube, die NACA-Haube, hinter der sich ein Bramo 322 verbirgt, die tief heruntergezogene Auspuffanlage, ein Peilrahmen nebst Langdrahtantenne auf dem Rumpfrücken sowie ein von Windkraft angetriebener Generator. *Foto: Preiß*

Für Ausbildungsflüge auf verschneitem Platz wurde das Radfahrwerk der Junkers W 34 hi gegen Schneekufen ausgetauscht. *Foto: Sammlung Zundel*

Arado Ar 76. Ein einsitziges, kunstflugtaugliches Übungsflugzeug, das in wenigen Exemplaren in Schönwalde zum Einsatz kam. Im Sitz: Flugschüler Gerhard Preiß. *Foto: Preiß*

Der Tod hält Einzug

Nach Kriegsbeginn änderte die Luftwaffenführung schlagartig ihr Konzept zur Flugzeugführerausbildung. „Zuerst müssen wir Rußland schlagen, dann kann ausgebildet werden“, lautete der Standpunkt des Generalstabchefs der Luftwaffe zu Ausbildungsfragen, den er 1941 Eingeweihten verkündete.

Für die Flugzeugführerschulen und insbesondere für die jungen, unerfahrenen Flieger hatte diese Entscheidung böse Folgen. Während 1942 die Geschwader noch mit 5300 neuen Piloten zur Auffüllung ihrer Staffeln auskamen, waren 1943 schon mehr als 12100 erforderlich, um die Verluste einigermaßen ausgleichen zu können.

Es mußten also ständig mehr Piloten ausgebildet werden, und dennoch reduzierte man die Kraftstoffzuteilung für die Schulen. Nicht nur in Schönwalde führte die Rationierung von Kraft- und Schmierstoffen und die im Gegensatz dazu geforderte hohe „Ausbringungsquote“ von Piloten - das Soll betrug 360 im Jahr, ausgebildet wurden 180 bis 250 Flugzeugführer - zur radikalen Kürzung der Flugstunden und damit zu einer rapiden Verschlechterung des Ausbildungsstandes. So hatte man bereits im Schulbetrieb hohe Verluste zu beklagen.

Einen Eindruck von der Situation in Schönwalde vermittelt der Bericht von Eduard Gering (1908 bis 1995), seinerzeit Angehöriger der Horstfeuerwehr:

Hektischer Ausbildungsbetrieb ließ die Zahl der Flugunfälle bei der FFS A/B 11 stetig anwachsen. Zusammenstöße in der Luft erwarteten wir Feuerwehrleute an jedem Flugbetriebstag mit Sicherheit. Die Bewohner von Schönwalde und Umgebung zeigten sich über die Zunahme der Unglücksfälle insbesondere bei den Kurvenkämpfen, die wir mit jugendlicher Begeisterung verfolgten, äußerst beunruhigt. Noch lange steckte ihnen beispielsweise der Schreck bei einem Flugvorkommnis vom 10. Oktober 1940 in den Gliedern, als bei einem Übungsluftkampf zwei Me 109E (Werk-Nr. 5200 und 6333) zusammenstießen. Beide Maschinen stürzten ab, und eine davon schlug in der Birkenallee nahe eines Wohnhauses auf und zerschellte. Glücklicherweise konnten sich die beiden Flugzeugführer von der III./JG 52 mit dem Fallschirm retten. Schönwalder wurden zum Glück nicht dabei verletzt.

Luftfahrthistoriker haben herausgefunden, daß über die Hälfte aller verlorengangenen deutschen Flugzeuge nicht an der Front, sondern im Hinterland zu Bruch gegangen sind. Bis zum Beginn des Feldzuges gegen die Sowjetunion zum Beispiel verlor die deutsche Luftwaffe insgesamt 9500 Maschinen, aber nur 4400 durch Feindeinwirkung!

In Schönwalde machten im Monat zunächst durchschnittlich fünf Flugzeuge 100prozentigen Bruch, der in der Regel mit dem Tod der Besatzung endete. Diese Ausfallquote steigerte sich auf bestürzende Weise, so daß man bald - und das jährlich - bis zu 50 Angehörige des fliegenden Personals und 60 oder mehr Flugzeuge verlor.

Obwohl die Schönwalder Fluglehrer und das Bodenpersonal buchstäblich Tag und Nacht arbeiteten, vermochten sie die außergewöhnlich hohe Zahl von Brüchen, Havarien und Abstürzen nicht einzudämmen. Der Tod schlug im Schulbetrieb ständig von neuem zu.

Erich Miethe, Flugschüler in Schönwalde vom 6. Februar bis 6. November 1941, wurde im Sommer 1941 Zeuge eines tragischen Ereignisses, das er bis heute nicht vergessen kann:

Wir gingen zum Mittagessen, als der Motor eines Schulflugzeuges direkt über dem Platz, aber in beträchtlicher Höhe, plötzlich laut aufheulte, das Flugzeug ins Trudeln überging, am Platzrand aufschlug und explodierte. Der Schüler hatte bei einem Immelmann-Turn die Maschine überzogen und war in das gefährliche Rückentrudeln geraten. Er vermochte sich nicht mehr mit dem Fallschirm zu retten. (Foto Seite 61)

Noch recht glimpflich ausgegangene Notlandung einer Fw 44 auf einer Wiese. Foto: Sammlung Dr. Koos

Bei der Kunstflugausbildung kam diese Heinkel He 72 Kadett, D-ETOP, am 24.Februar 1937 ins Flachtrudeln und stürzte ab. Dabei verunglückte der Fluglehrer Janssen tödlich und der Flugschüler wurde schwer verletzt. Später gab der Überlebende die Ursache des Flugunfalls preis: Während des Fliegens der Flugfigur Turn hatte er aus panischer Angst den Steuerknüppel fest an den Körper gepreßt und somit die Doppelsteuerung blockiert. Foto: Voigt

Schulflugzeug Ar 96B unmittelbar nach dem Start, nachdem der Motor „verreckte". Foto: Appelt

Nach Fahrwerksschaden bei der Landung zu Bruch gegangen: He 45 am Westrand des Fliegerhorstes Schönwalde 1941. Foto: Klein

Der hektische Ausbildungsbetrieb nach Kriegsbeginn ließ die Zahl der Flugunfälle schlagartig anwachsen. Hier eine W 34 hau nach einer Notlandung. *Foto: Appelt*

Eine Fw 56 Stösser in Tarnbemalung am Ostrand des Flugfeldes vor der Halle 5. Im Hintergrund der Aufschlagbrand einer zuvor ins Rückentrudeln geratenen Maschine (1941). *Foto: Fischer*

FLUGUNFÄLLE FFS/FAR 11 SCHÖNWALDE IM JAHRE 1939

Datum	Dienstgrad/Name	Schicksal	Flugzeug	Schaden	Ursache
20.02.39	Obergefreiter Schnüll Feldwebel Brenkow Gefreiter Scholz	tot tot tot	Junkers W 34 D-OAQU	100 %	Absturz
20.05.39	Gefreiter Heinrich Ebert	tot	Arado Ar 66C WL-IMIF	100 %	Zusam- menstoß in der Luft
	Unteroffizier Friedrich Warzelhahn	tot	Arado Ar 66C WL-IMKY	100 %	
20.06.39	Leutnant Wystyrk Gefreiter Berend Gefreiter Werner Kohlgard	tot tot tot tot	Junkers W 34hau D-OIGS	100 %	Absturz
15.09.39	(? - bis zu sechs Besatzungsmitglieder)	tot	Junkers W 34hau WL-OZQN	100 %	Zusammen- stoß in der Luft
26.09.39	?	?	Gotha Go 145 D-IYZA	50 %	Notlandung

Anmerkung: Die Tabelle wurde von Christian Kirsch zwar anhand von Dokumenten der WAST zusammengestellt, ist aber mit großer Wahrscheinlichkeit unvollständig.

Schrottreife Flugzeuge und Übermut

Die fliegerische Ausbildung forderte aus vielerlei Gründen einen hohen Blutzoll. Undiszipliniertheiten waren die eine Seite, technische Probleme die andere. Immer wieder mußten der Inspektor für Sicherheit und Gerät sowie die Luftaufsicht des Fliegerhorstes feststellen, daß Flugzeugführer vom befohlenen Flugauftrag abwichen und fahrlässig handelten, ihre Flugvorbereitung mangelhaft war, trotz unzureichenden fliegerischen Ausbildungsstandes Blind- und Schlechtwetterflüge durchgeführt wurden. Vielen Schülern wurde auch ihre Leidenschaft für den Tiefstflug und den Kunstflug in Bodennähe zum Verhängnis. Obwohl das Ausbildungsprogramm lediglich die „Kleinorientierung im Tiefflug" gestattete, versuchten die Flugschüler bei jeder sich bietenden Gelegenheit wie einst Udet in Bodennähe zu fliegen. Die Sucht, knapp über den Erdboden zu rasen und haarscharf über Hindernisse zu springen, führte häufig zur Hindernisberührung mit tödlichem Ausgang.

Auch die kriegsbedingt überstürzte Ausbildung im „Schnellverfahren" trug nicht zur Verbesserung der Flugsicherheit bei, weil die Flugschüler oftmals nicht nur völlig überlastet, sondern auch übermüdet waren.

Ebenso unübersehbar waren die Probleme, die das Werftpersonal mit den Flugzeugen hatte. Die Zellen und Motoren der Schulmaschinen waren ständig einer hohen Belastung ausgesetzt. Vom Tagflugbetrieb wechselte man übergangslos zum Nachtflugbetrieb; denn Austauschmaschinen gab es nicht. Und schließlich gingen die Schüler nicht gerade sanft mit den Flugzeugen um, wenngleich die Fluglehrer beharrlich, allerdings meist erfolglos, gegen diese Malträtierung des Materials ankämpften.

Zumeist seit langem überschritten war auch die Laufzeit der Motore, und neue Triebwerke gelangten nur in geringer Zahl an die Schulen, da sie in den Frontverbänden dringender benötigt wurden.

Ebenso hatte man viel zu spät erkannt, daß viele der von den Frontverbänden ausgesonderten und an die Schule abgegebenen K-Typen bis auf's Mark abgeflogen und eigentlich schrottreif waren. Die Flugschüler betrachteten diese Maschinen zunächst fast als Wundervögel, bis einige dieser Flugzeuge wegen Materialermüdung in der Luft auseinanderfielen. Weitere schwere Unfälle ereigneten sich beim Anwerfen der Motore durch Propellerschlag oder beim Rollen. Rollschäden waren fast immer auf Ungeübtheit oder Unachtsamkeit zurückzuführen.

Unter diesen Bedingungen war es schon erstaunlich, manchmal geradezu unglaublich, was das technische Personal bei der Instandhaltung der Maschinen leistete. Dennoch konnte es nicht verhindern - und das war auch kaum verwunderlich -, daß technische Mängel oft zu schweren Unfällen führten.

Medizinisch tauglich, als Flieger aber ungeeignet

Die Flugzeugführerschulen standen mit zunehmender Dauer des Krieges mehr als zuvor unter dem Druck, das von der Führung der Luftwaffe ständig höher vorgegebene Soll an ausgebildeten Piloten zu erfüllen. Und natürlich waren der Schulkommandeur und die Gruppenfluglehrer bestrebt, unter allen Umständen die geforderten Zahlen zu erbringen. Das führte jedoch dazu, daß jene Flugschüler, die das Ausbildungsziel nicht erreichten, nicht etwa - wie in der Vorkriegszeit üblich - abgelöst, sondern zurückgestuft wurden. Und erst dann, wenn ein Fortschritt überhaupt nicht mehr erkennbar war, brach man die fliegerische Ausbildung ab.

Diese Verfahrensweise führte zu einer nicht unbeträchtlichen Anzahl von Flugunfällen, die sich im Vorfeld jedoch meist schon angedeutet hatten. Die einzigen, die sich zur fliegerischen Eignung ihrer Schüler hätten äußern können, waren die erfahrenen Fluglehrer. Auf die hörte man jedoch kaum, und wenn überhaupt, dann war es bereits zu spät dafür.

Die Erklärung für dieses Problem findet sich nicht zuletzt in der Auswahl der Flugschüler. Die Verwendung als fliegendes Personal war nämlich in erster Linie eine Sache der Ärzte. Allein deren medizinisches Urteil gab den Ausschlag bei der Entscheidung für den Beginn und auch die Fortsetzung der fliegerischen Ausbildung. So kam es, daß gesunde und aus medizinischer Sicht taugliche, aber fliegerisch völlig untaugliche Schüler erst nach völligem Versagen die fliegerische Ausbildung aufgeben mußten.

Nicht unberücksichtigt bleiben darf jedoch die stark reduzierte Anzahl der Flugstunden für den einzelnen Schüler, worunter schließlich die Qualität der Ausbildung litt. Im Jahre 1938, im letzten unter Friedensbedingungen durchgeführten zehnmonatigen Lehrgang der FFS A/B 11, absolvierten die Schüler noch 190 Flugstunden. 1941 sank die Zahl der Stunden auf etwa 160, und 1943, inzwischen war auch die Lehrgangsdauer auf sechs Monate gekürzt worden, auf 140 Stunden. Häufig nur noch ganze 50 Stunden konnten die Schüler nach der Verlegung der FFS A/B 11 im Jahre 1944 nach Neukuhren vorweisen.

Den umgekehrten Weg schlugen übrigens die Alliierten ein. Sie erhöhten während des Krieges die Ausbildungszeit auf bis zu 400 Flugstunden.

In diesem Lichte besehen traf es also zu, wenn die erfahrenen Flieger der deutschen Luftwaffe davon sprachen, daß die jungen Piloten „verheizt“ würden.

Als Flugschüler ein Könner, als Jagdflieger schwer verwundet

Leutnant Arno Fischer erst als Flugschüler, dann als Fluglehrer in Schönwalde. Danach besuchte er die Jagdfliegerschule und flog von 1943 bis Kriegsende in der I./JG 53 „Pik-As". Foto: Fischer

Arno Fischer (Jahrgang 1918) aus Dießen am Ammersee war von 1940 bis 1942 Flugschüler und danach Fluglehrer in Schönwalde. Sein Bericht:

Von Mitte September 1940 bis Ende September 1942 war ich in Schönwalde. Zunächst nahm ich an einem 10-Monate-Kurs teil, und, nach einem Fluglehrerlehrgang, war ich noch ein Jahr lang als Fluglehrer dort tätig. Zuvor hatte ich von Dezember 1939 bis Juli 1940 eine fliegertechnische Ausbildung bei der Luftwaffe absolviert; aber mein eigentliches Ziel hieß auch dort schon: Piloten-Laufbahn.
Allerdings war es nicht ganz einfach, dort angenommen zu werden, da die Zahl der Bewerber im Jahre 1940 sprunghaft anstieg.
Um den Stau von Interessenten etwas abzubauen, wurden sogenannte Fluganwärterbataillone aufgestellt, die die Aufgabe hatten, die Bewerber zu sammeln, sie in einem mehrmonatigen Lehrgang theoretisch vorzubilden und schließlich für die Flugzeugführerausbildung auszuwählen. Diesen Weg schlug ich also ein, und so besuchte ich von August bis September 1940 das bekannte Fluganwärterbataillon „Monte Rosa" in Stettin, das auf dem Passagierschiff „Monte Rosa" untergebracht war. Nach hoffnungsvollem Bangen kam endlich die Kommandierung zur FFS A/B 11 Schönwalde.

Flugschüler Arno Fischer in Schönwalde 1941 in der He 45. Der hintere Sitz besaß noch den MG-Drehkranz. Später erhielt die He 45 anstelle des Waffenstandes einen zweiten Sitz (Doppelsteuer). Foto: Fischer

Dort nahm an jedem Monatsersten eine neue Schülergruppe ihre Ausbildung auf. Für die Gruppe, der ich angehörte und etwa 30 Mann stark war, fiel der „Startschuß" am 1. Oktober 1940. Geschult wurden wir von vier oder fünf Fluglehrern, die dem Gruppenfluglehrer - einem Leutnant bzw. erfahrenen Feld- oder Oberfeldwebel - unterstanden.
Wer durch Krankheit oder aus anderen Gründen zu große Lücken in der Ausbildung aufwies, wurde in die nachfolgende Gruppe eingegliedert, und wer die Zusammenhänge zwischen Geschwindigkeit, Steuerdruck und Ruderausschlag, zwischen Höhe und Entfernung nicht begriff, wurde „abgelöst", wie man den Rausschmiß aus der fliegerischen Ausbildung taktvoll umschrieb.
Flugsimulatoren gab es damals nur ganz wenige, und auch nur an den C-Schulen. So fielen leider zahlreiche „Späne" beim „Hobeln" an den A/B-Schulen.

Zu meiner Zeit in Schönwalde mußten wir durchschnittlich fünf Totalverluste im Monat hinnehmen, wobei gelegentlich auch Fluglehrer zu den Opfern zählten. Die Fotos der tödlich Verunglückten hingen einheitlich gerahmt an der Flurwand nahe der Kompanie-Schreibstube, gewissermaßen als sichtbare Mahnung, beim Fliegen doch bitte recht aufmerksam und gewissenhaft zu sein. In einigen Fällen dürfte jedoch Übermüdung die Unglücksursache gewesen sein, und die Erklärung dafür ist recht einfach:
Im Jahre 1941 begannen die nächtlichen Bombenangriffe auf Berlin und Umgebung. Fast pünktlich um Mitternacht heulten die Sirenen und, nur notdürftig bekleidet, rannten rund 260 Flugschüler, etwa 60 Fluglehrer und ein Dutzend allgemeines Personal in den Keller des Kompaniegebäudes. Für Schlafbedürftige war der betonierte Kellerboden mit ungehobelten Fichtenbrettern ausgelegt, aber wer vermochte schon unter diesen Umständen zu schlafen! Zwischen drei und vier Uhr morgens kam die Entwarnung. Um sechs Uhr pfiff der UvD zum Wecken, aber alle waren natürlich hundemüde. Und so ging das wochenlang.
Die Führung jedoch bekümmerte das nicht. Und die Folgen kann sich jeder selbst ausmalen: Viele Flugschüler machten, übermüdet wie sie waren, Bruch.
Im Laufe der Ausbildung zeigte sich eindeutig, wer begabt und auch den hohen Anforderungen gewachsen war. Zu Anfang betrug die Stärke einer Gruppe meist 25 bis 28 Flugschüler. Sechszehn bis achtzehn von ihnen beendeten in der vorgegebenen Zeit die Ausbildung, einige rutschten um ein oder zwei Gruppen zurück, andere wurden schließlich „abgelöst" oder kamen um.

Auch meine fliegerische Laufbahn wäre beinahe in Schönwalde zu Ende gegangen. Es war die Lust am Fotografieren, die mich zu einer Unbedachtheit verführte. Als fast mittelloser Student hatte ich mir 1939 die für damalige Verhältnisse recht leistungsfähige Kamera „Weltini" mühsam zusammengespart. In Schönwalde fotografierte ich bei jeder sich bietenden Gelegenheit das Fluggeschehen - und natürlich, obwohl strengstens verboten, auch aus der Luft. Aus naheliegenden Gründen mußte ich die Filme mit solchen Aufnahmen im Heimaturlaub selbst entwickeln und die Vergrößerungen anfertigen. Aber zufällig entdeckte ein Mitschüler überaus entsetzt die Fotos, und ich sah mich schon unter dem Verdacht der Spionage vor dem Kriegsgericht stehen. Erst danach wurde mir klar, daß ich damit meine fliegerische Laufbahn auf's Spiel gesetzt hatte.

Da manche Fluglehrer auf eigenem Wunsch zu anderen Dienststellen versetzt wurden und andere den Tod fanden, kam der notwendige Nachwuchs meist aus den eigenen Reihen. Ein oder zwei der Besten jeder Gruppe - in unserer waren wir sogar zu dritt - wurden schließlich zu Fluglehrern ausgebildet. Aber alles sofort richtig machen zu müssen, das war gar nicht einfach, zumal ich schon vor dem Kurs-Besuch im Frühjahr 1942 ein halbes Jahr lang als Fluglehrer tätig gewesen war. Natürlich fühlte ich mich geschmeichelt, als einer der Auserwählten zu den Spitzenkönnern zu gehören.
Da mich jedoch sowohl technisch als auch sportlich weit mehr die schnelle Fliegerei interessierte, bat ich um Versetzung zu einer Jagdfliegerschule. Zunächst wurde ich jedoch zum Fahnenjunker-Feldwebel befördert und mußte mich zuvor wie alle Offiziersanwärter von Generalmajor Pistorius, unserem obersten „Kriegsherrn" auf dem Fliegerhorst, „durch den Wolf drehen lassen". Sein Dienstgebäude befand sich unweit der Flugleitung an der Hauptstraße, die zur Nordwache führte. Sein Arbeitszimmer, 50 bis 60 m² groß, war wie die Residenz eines Fürsten eingerichtet. Bei dieser unangenehmen Gelegenheit konnte ich die Pracht sehen, in der Göring seine Kommandanten regieren ließ.

Als der Krieg zu Ende ging, standen bei mir zu Buche: 23 Abschüsse, achtmal selbst abgeschossen, ein Fallschirmabsprung und elf Notlandungen, davon vier aufgrund technischer Schäden. Seitdem plagen mich aber auch die Folgen von zwei schweren Verwundungen im Juli und Dezember 1943, wobei ich mir Schädelbrüche, eine Gehirnquetschung, eine Stauchung des Rückgrats und einen Genickschaden zuzog. Die chronischen Schmerzen werden bei Schlechtwetter oft unerträglich und machen alle Arbeit zur Qual. Dennoch ist mir meine Schönwalder Fliegerzeit stets in schöner Erinnerung geblieben.

Heinkel He 45. Drei dieser K-Flugzeuge im Jahre 1941 auf dem Vorfeld der Halle 3. Die Luftschraube maß übrigens fast 4 m im Durchmesser. *Foto: Fischer*

Auf einem Flug mit der He 72 von Schönwalde zum Arbeitsplatz Friedersdorf (1941). Auf dem hinteren Sitz Flugschüler Arno Fischer vor dem Panorama des noch unzerstörten Berlins. *Foto: Fischer*

Der Startwagen mit wettergeschütztem Platz für den Startschreiber. Davor der blumengeschmückte Flugschüler Doh nach seinem ersten Alleinflug 1942 in Schönwalde. *Foto: Fischer*

Heinkel He 72 Kadett. Fluglehrer Arno Fischer (vorn) erteilt seinem Schüler die letzten Anweisungen vor dem Start (1942). *Foto: Fischer*

Als Startposten beim Flugdienst 1941: Flugschüler Arno Fischer. Jeder Schüler wurde mit dieser Funktion betraut; mit der roten Flagge zeigte er „Stop!“ an, mit der weißen gab er den Start frei.
Foto: Fischer

Fluglehrer Unteroffizier Arno Fischer (rechts) mit seinen fünf „Häslein“, wie die Lehrer ihre Schüler damals nannten, in Schönwalde 1942.
Foto: Fischer

Die He 50 ist in den Flugbüchern ehemaliger Schönwalder Flugschüler noch bis Ende 1940 als K-Typ nachweisbar. Als Nachtschlachtflugzeug fand die völlig veraltete Konstruktion sogar noch 1943 an der Ostfront Verwendung! *Foto: Sammlung Zundel*

He 45 und He 51 auf dem Vorfeld der nach dem Krieg demontierten Halle 3 (1941). *Foto: Fischer*

Bücker Bü 181 Bestmann. Dieses moderne Schulflugzeug mit nebeneinanderliegenden Sitzen ersetzte im Laufe der Zeit in der A-Schulung die Fw 44 und He 72. *Foto: Sammlung Kretzschmar*

Auch nach der Einführung der Ar 96 stand die Bü 131 Jungmann der Schönwalder Flugzeugführerschule zur Verfügung . Hauptverwendungszweck: die Anfänger- und Kunstflugausbildung. *Foto: Sammlung Zundel*

*Ab 1942 tauchte das russische Beuteflugzeug Jakowlew UT-1 in Schönwalde auf.
Es kam in der A2-Ausbildung zum Einsatz.* *Foto: Sammlung Petrick*

Auch französische Beuteflugzeuge amerikanischen Ursprungs wie die Chance Vought SB-2/U-1 kamen ab 1941 als K-Maschinen zum Einsatz. Davor Gerhard Preiß aus Falkensee. *Foto: Preiß*

Tschechoslowakische Beuteflugzeuge wurden nach der Annexion im Schulbetrieb eingesetzt. Hier der leichte Bomber/Aufklärer Aero Ab-101. *Foto: Sammlung Zundel*

Eine Ar 76 ohne Radverkleidung. *Foto: Preiß*

DIE FLIEGERISCHE AUSBILDUNG VON FLUGSCHÜLERN DER FFS A/B 11 IN DER VORKRIEGSZEIT IM VERGLEICH ZUR KRIEGSZEIT

Vorkriegszeit 1938				Kriegszeit 1941			1943		
Flugausbildung	Typ	Flüge	Stunden	Typ	Flüge	Stunden	Typ	Flüge	Stunden
Schulflug m.L.	He72, Fw44	75	8	He72, W34	65	7	Bü181	19	2
1. Alleinflug	He72	76.	4 Min	He72	66.	7 Min	Bü181	20.	5 Min
Übungsflug o.L.	He72, Kl35 Fw44, Ar66 W 33, W 34 Bü131	155	16	Alle 17 Typen lt. Aufstellung	240	23	Kl35, Ar66 Fw58, Ar96 Bü131, Bü181	58	5
Einweisungen, Kontroll-/Überprüfungsflüge m.L./o.L.	He72, W 33 W 34, Bü131	37	7	Ar79, Fw56 Bü131, Bü133	40	12	Bü181, Ar96	5	2
Umschulung m.L.	Kl35, Ar66 Go145, W 33	26	4	Kl35, F13 Ar66, W33	27	6	Fw58, Ar66 Ar96, Bü131	29	3
Schulflug auf K-Typ m.L. / o.L.	Fw56, He45 He46, He50 Hs123	– / 22	– / 3	He45, He51 Ar65, He70	3 / 44	1 / 10	–	--	–
Fortbildungsflug m.L.	–	--	--	Ar96, Fw58 C 445	47	22	Bü181, Kl35, Ar96 Fw58	21	12
Kunstflug m.L. / o.L.	Fw44, Fw56	4 / 12	1 / 5	He72, He51 Fw56, Bü131, 133	1 / 17	1 / 7	Bü 181 Bü 131 Ar 96	3 / 22	2 / 11
Verbandsflug m.L. / o.L	He72, Fw44 Ar66	1 / 9	1 / 7	Ar66, He72 Kl35, Bü131	4 / 11	2 / 7	Bü181, Kl35, Ar96	16 / 10	10 / 5
Höhenflug o.L.	He72, Ar66 Fw56, He50	7	5	He72	1	1	–	--	--
Überlandflug m.L. / o.L.	He72, Kl35 W 33, W 34 Go 145	27 / 47	39 / 64	Kl35, Ar66 He70, Bü131	3 / 32	4 / 42	Bü181, Kl35, Ar66 Fw58	7 / 23	6 / 34
Überlandflugstrecke Km	12000			8250			6200		
Nacht-Überlandflug	–	--	--	–	--	--	Bü181, Ar96 400 Km	2	2
Nacht-Platzflug m.L. / o.L.	Ar66	12 / 12	1 / 2	Ar66, W 34	6 / 15	1 / 2	Bü181	6 / 10	1 / 1
Instrumentenflug m.L.	W 34	8	18	W 34	6	6	Fw58, Ar96 Bü181	46	42
Instrumentenflug bei Nacht m.L.	–	--	--	–	--	--	Bü 181, Ar96	5	4
Navigationsflug m.L.	Ju 52	4	9	–	--	--	–	--	--
Insgesamt	14 Typen	459	190	17 Typen	563	154	7 Typen	283	142
lt. Flugbuch Flugschüler Böttrich 1938, 10 Monate-Kurs Schönwalde				lt. Flugbuch Flugschüler Erich Miethe 1941, 10 Monate-Kurs Schönwalde			lt. Flugbuch Flugschüler Kurt Reimer 1943, 6 Monate-Kurs Schönwalde/Crailsheim		

m.L. = mit Fluglehrer
o.L. = ohne Fluglehrer

Siebel Fh 104 „Hallore". Von diesem beliebten zweimotorigen Reiseflugzeug flog eine Maschine in Schönwalde als B2-Flugzeug. *Foto: Sammlung Kretzschmar*

Abenteuer „Zirkusfliegen"

Kurt Reimer (Jahrgang 1924), heute wohnhaft in Hennigsdorf, war 1943 und 1945 in Schönwalde. Sein Bericht:

Im Jahre 1940 stieg ich in Königsberg/Mark zum ersten Mal in die Luft. Der Segelfluglehrer pflegte tröstend zu sagen: „Oben geblieben ist noch keiner!"
Wir flogen den Schulgleiter SG 38 und die Fortgeschrittenen das Übungssegelflugzeug Grunau Baby IIB. Unsere Segelfluggruppe bestand aus Metallflugzeugbauer-Lehrlingen des Heinkel-Flugzeugwerkes in Oranienburg.
1942 hatte ich auf Lehrgängen in Rutenberg (bei Lychen) den A- und B-Segelflugschein erworben. 1943, als Gefreiter und Mitglied einer Luftwaffen-Segelfluggruppe in Dortmund, erflog ich mir den C-Schein und den Segelflugausweis Klasse 1 (Fliegen im Flugzeugschlepp). Segelfliegen war großartig und erleichterte mir den Einstieg in das Motorfliegen in Schönwalde und danach auf der FFS A 43 in Crailsheim.

Schon nach 20 Flügen - normalerweise waren 30 bis 40 Flüge erforderlich - startete ich allein auf einer Bü 181. Ich hatte geglaubt, noch eine Weile das Fliegen mit Lehrer genießen zu können, und so kam das knappe „Flieg' los!" recht überraschend für mich.
Zögernd schob ich den Gashebel nach vorn, das Flugzeug rollte, rollte und hob ab. Das ging also. Nun die erste Kurve, die zweite, die dritte und nun einkurven zum Endanflug. Gas heraus, zu hoch - also durchstarten und alles noch einmal! Diesmal klappte die Landung, und ich hatte sechs Minuten Alleinflug hinter mir.
Weiter ging es mit Typenumschulungen auf Ar 66, Ar 96 und Fw 58; programmgemäß folgten Verbands-, Überland- und Kunstflug.

Ganz groß geschrieben war der Verbandsflug: Fläche an Fläche oder auch als sogenannter Schachtelflug, bei dem die eigene Tragfläche zwischen dem Tragflügel und dem Höhenleitwerk der anderen Maschine zu liegen kam. Das übten wir in der Rotte (zwei Flugzeuge), Kette (drei Maschinen) oder im Schwarm (vier Flugzeuge). Eine solche Aufgabe setzte eine völlige Beherrschung des Flugzeuges und sehr diszipliniertes Fliegen voraus. Also Präzisionsarbeit!

Sehr beliebt waren die Überlandflüge, die uns für einige Zeit die Monotonie des Schulbetriebes vergessen ließen. Ein solcher Flug lief wie folgt ab: Wir empfingen die Flieger- und Bordnot-Karten, errechneten mit der Knemeyer-Scheibe den Kurs, informierten uns über die Wetterlage und holten die Luftlagemeldung ein. Nach dem Start mit einer Kl 35 verglich ich von Zeit zu Zeit die Geländemerkmale mit der Rollkarte auf meinem Oberschenkel. Plötzlich, ich war wohl etwas unaufmerksam gewesen, hatte ich die Orientierung verloren! Jetzt mußt du dir „eine Fahrkarte lösen“, schoß es mir durch den Kopf und das hieß, eine Eisenbahnlinie ausfindig zu machen, an ihr entlangzufliegen bis ein Bahnhof kam, und zu versuchen, das Bahnhofsschild zu lesen. Aber erst beim zweiten Anflug gelang es mir, den Namen zu entziffern. Mit neuem Kurs und aufmerksamer als zuvor erreichte ich schließlich den befohlenen Zielflugplatz.

Das Kunstflugtraining, aus Sicherheitsgründen in einem sogenannten Kunstflugraum, lief nicht ganz so glatt ab. Besonders der Turn hatte es insich, und besser klappte es, wenn ich mir - wie vom

Flugschüler Arno Fischer (rechts) nach einer Zwischenlandung in Schwarza/Thüringen während eines Überlandfluges. Foto: Fischer

Kurt Reimer in einem Segelflugzeug Grunau Baby IIb. Foto: Reimer

Fluglehrer empfohlen - eine Wolke als Richtungspunkt suchte. Unangenehm der Looping vorwärts - durch den Blutstau im Kopf - und zusätzliche Komplikationen verschaffte sich derjenige, der nicht fest angeschnallt war. Die schwierigste Kunstflugfigur war die gesteuerte Rolle, weil sowohl die Höhe als auch die Richtung einzuhalten waren. Wesentlich leichter wiederum die gerissene Rolle, bei der sich das Flugzeug in kürzester Zeit um die Längsachse dreht.

Als gefährlichste Figur empfanden wir das Trudeln, weil viele Flieger dabei den Tod gefunden hatten. Die Mindesthöhe von 1400 m war für das Einleiten des Trudelns vorgeschrieben, und beendet mußte es in 1000 m sein.

Kurz vor Abschluß der Kunstflugausbildung gab es das sogenannte, an Abenteuerlichkeit kaum zu überbietende "Zirkusfliegen". Hierbei flog der Lehrer an der Spitze und dicht dahinter, in Kolonne, folgten die Schüler der Gruppe, wobei jeder zum Vordermann einen Abstand von etwa zwei Flugzeuglängen einzuhalten hatte. Der Lehrer flog die Kunstflugfigur vor, und wir flogen sie nach. Mit allen nur erdenklichen Figuren und extremen Richtungsänderungen versuchte der Lehrer seine Schüler abzuhängen. Wer ihm dabei zu folgen vermochte und nicht abgeschüttelt worden war, kam bei der Bewertung ganz groß 'raus! Allerdings gab es bei dieser „Zirkusfliegerei" auch einige Zusammenstöße, die mit dem Tod von Flugschülern ebenso wie von Fluglehrern endeten.

Auf die Überlebenden wartete schließlich noch die Kunstflugprüfung, für die die Reihenfolge der Figuren und Übungen, die Zeit von 30 Minuten und 2000 m Höhe Flughöhe für den Beginn der Prüfung vorgegeben waren. Sie umfaßte das Fliegen von Rollen, den Rückenflug, den Sturz- und Steigflug, Doppelloopings, Turns, das Trudeln und die abschließende Ziellandung.

Der Besitz des Kunstflugscheins K I war eine der Voraussetzungen für den Erwerb des Luftwaffen-Flugzeugführerscheins A/B, während der Kunstflugschein K II zur Teilnahme an öffentlichen Kunstflugvorführungen berechtigte.

Auf dem Weg zum Luftwaffen-Flugzeugführerschein A/B waren aber noch weitere Hürden zu nehmen. Darunter der Blindflugschein, und die Ausbildung hierfür begann mit der sogenannten Blindeinweisung, bei der der Flugschüler mit verbundenen Augen die Position aller Instrumente angeben mußte. Ohne dieses bis zur Perfektion betriebene Training war der Pilot nicht in der Lage, einen Flugauftrag bei Nacht zu erfüllen.

Zum Ausbildungsprogramm gehörten Platzflüge bei Nacht, Instrumentenflüge (Blindflüge) bei Tag und Nacht und nächtliche Überlandflüge - hauptsächlich auf Ar 96, Bü 181 und Fw 58.

Der erste Flug bei Nacht war immer eine große Bewährungsprobe, und wer beim Übergang von der Helligkeit des beleuchteten Flugplatzes in die pechschwarze Nacht des kriegsbedingt völlig verdunkelten Landes nicht hochkonzentriert die Blindfluginstrumente überwachte, konnte in große Schwierigkeiten geraten. Wenngleich auch die Nachtlandung ihre Tücken hatte, so unterschied sie sich bei eingeschalteter Landefeldbeleuchtung kaum von einer Taglandung. Geradezu gefürchtet hingegen waren nächtliche Gewitter, Bodennebel und aufliegende Wolken - Wettererscheinungen, die zahlreiche Flugschüler das Leben kostete.

Nach sechsmonatiger Ausbildung war ich stolzer Besitzer des Luftwaffen-Flugzeugführerscheines. Nicht wenige meiner Kameraden hatten dieses Ziel nicht erreicht und dabei auch ihr junges Leben gelassen.

Gegen Ende des Flugzeugführerlehrgangs mußte ich mich entscheiden, ob ich zu den Jägern, Bombern, Aufklärern oder Transportern versetzt werden wollte. Ich kam schließlich zur Jagdfliegerschule 5 (seit 1943 JG 105) und erhielt dort eine Jagdfliegerausbildung. Von diesem Schul-Jagdgeschwader wurde ich Ende 1944 zur 1./Jagdgruppe Nord (ab Januar 1945 1./Erg.JG 1) versetzt. Das war keine Fronteinheit, und sie bestand deshalb überwiegend aus jungen Flugzeugführern, die noch keinen Feindeinsatz vorweisen konnten.

Aus dieser 1./Erg.JG 1 sollte in kurzer Zeit eine Einsatzstaffel für die Reichsverteidigung aufgebaut werden. Unter Anleitung fronterfahrener Jagdflieger übten wir deshalb das Schießen auf Luft- und Erdziele, den Verbands- und Nachtflug und die Bedienung der Funkgeräte. Als Höhepunkt absolvierten wir schließlich lufttaktische Übungen.

Mit weiterer Annäherung der Ostfront wurden unsere Standorte immer öfter gewechselt, und im Januar 1945 kehrte ich schließlich von Sagan zum Ausgangspunkt meiner fliegerischen Laufbahn Schönwalde zurück.

Der Fliegerhorst war vollgestopft mit werksneuen Jagdflugzeugen vom Typ Me 109 und Fw 190, die alle noch auf ihren Einsatz bei den Frontverbänden warteten. So wurde ich Überführungsflieger, bis mich mein letzter Flug am 24. März 1945 nach Flensburg in britische Kriegsgefangenschaft führte.

Zum Verbandsflug startbereite Arado Ar 66 im Jahre 1942 auf dem Schönwalder Rollfeld. Bemerkenswert an der Maschine im Vordergrund die mögliche Bestückung des hinteren Sitzes mit einem Drehkranz für das MG 15 zu Übungszwecken. *Foto: Fischer*

Eine startklare Fw 56 Stösser (1941) auf dem südlichen Rollfeld des Fliegerhorstes Schönwalde. *Foto: Fischer*

ANWEISUNG FÜR DIE FLUGVORBEREITUNG 1943

Flugzeugführerschule A/B

Jeder Flugschüler hat Überlandflüge nach folgenden Richtlinien vorzubereiten:

1.) Empfang des Flugauftrags.

2.) Einholung der Wetterberatung.

3.) Empfang der Karten: Fliegerkarte 1:500 000 und als Bordnotkarte die internationale Weltkarte 1:1 000 000.

4.) Einsichtnahme: -in die Flugsicherungskarte
-in die Übersichtskarte der millitärischen Luftsperrgebiete

5.) Entnahme von rwK (rechtweisender Kurs) und OM (Ortsmißweisung) aus der Luftnavigationskarte und Eintragung auf dem Navigationsvordruck K 16, wobei auf Sperrgebiete usw. durch Umgehungskurs Rücksicht zu nehmen ist.

6.) In die Karte 1:500 000 sind einzutragen:

a) Kurslinien, stark ausgezogen mit weichem Bleistift. An den Anfang jeder Kurslinie sind der rwK, die Entfernung bis zum Ort des nächsten Kurswechsels und ein starker Pfeil, der in Kursrichtung weist, zu setzen.
b) Streckenunterteilung: Markante Geländemerkmale durch Querstriche herausheben und mit der für den einzelnen Streckenabschnitt berechneten Flugzeit beschriften. Eine Streckenunterteilung nach km unterbleibt. Anmerkung: Eine Grundgeschwindigkeitskontrolle ist daher bei Überlandflügen auf A2/B1-Flugzeugen nur durch Vergleich der geflogenen mit der errechneten Flugzeit vorzunehmen.
c) Sperr-, Gefahren- und Schießgebiete, die in der Nähe der Kurslinie liegen, sind rot zu umranden.
d) Gefahrenhöhen, die in einem Streifen von 50 km beiderseits der Kurslinie liegen, sind rot umrandet mit Höhenangabe über NN (Normal-Null) hervorzuheben.
e) Flugplätze: Günstig zur Kurslinie liegende Flugplätze sind mit weichem Bleistift als kleiner Kreis in der Karte zu kennzeichnen (Notlande- und Ausweichhäfen).
f) Landesgrenzen: Auffällig sichtbar rot kenntlich machen.

7.) Festlegung der Flughöhe anhand der Bodenerhebungen und der Wetterberatung. Hierbei ist zu beachten, daß für Flugschüler bei einer Wolkenhöhe von 300 m über Grund die Mindestflughöhe 200 m betragen muß, womit auch gleichzeitig der befohlene Abstand von 100 m von der Wolkenuntergrenze eingehalten wird.

8.) In die internationale Weltkarte (Bordnotkarte) 1:1 000 000 sind nur die Kurslinien einzutragen.

9.) Errechnung der Abdrift auf K 16 (KK - Kompaßkurs - ist erst im Flugzeug nach Feststellung der Ablenkung auszurechnen) anhand von mwWK (mißweisenderWindkurs).

10.) Einprägen des gesamten Flugablaufes an Hand von markanten Geländepunkten in der Ortungskarte.

11.) Nach dem Betreten des Flugzeugs, jedoch noch vor dem Start, sind durchzuführen:

a) Uhrenvergleich: Alle im Flugzeug vorhandenen Uhren müssen richtige und gleiche Zeit anzeigen.
b) Höhenmesserkontrolle: Alle im Flugzeug vorhandenen Höhenmesser sind an Hand des von der Wetterdienststelle gegebenen qfe-Wertes (Platzdruck) zu kontrollieren. Die ermittelten Höhenmesserberichtigungen (Vorzeichen beachten) sind mit Farbstift neben dem Höhenmesser auf das Instrumentenbrett zu schreiben. Der Grobhöhenmesser ist auf qfr-Wert = Grobhöhenmesserberichtigung einzustellen.
c) Ausrechnung des KK: Die Ablenkung des jeweiligen Kompasses lt. Ablenkungstafel ist im K 16 einzusetzen.

(Dokument von Kurt Reimer)

Heinkel He 51. Auch dieses Jagdflugzeug zählte zu den K-Flugzeugen, auf dem die Flugschüler einige Stunden für den Erwerb des Luftwaffen-Flugzeugführerscheines zu absolvieren hatten. *Foto: Preiß*

Junkers Ju 87B. Nach Einführung der D-Version zog man die Ju 87B aus den Sturzkampffliegerverbänden zurück und setzte sie ab 1941 zur Erlangung der geforderten K-Flugstunden ein (Sturzflugausbildung stand nicht im Programm). *Foto: Sammlung Bukowski*

Heinkel He 70 „Falke" mit einziehbarem Schleifsporn. Mit Kriegsbeginn wurden He 70 den Flugzeugführerschulen zugeführt und kamen für fortgeschrittene Flugschüler zur B2-Ausbildung zum Einsatz. Für die Luftwaffe wurde die He 70F aufgelegt und ein Exemplar kam nach Schönwalde.
Foto: Sammlung Kretzschmar

Heinkel He 70F in Schönwalde (1942). Für die Luftwaffe mit BMW-VI-Motor gebaut und nach Aussagen der Piloten trotz des etwas schwachen Triebwerkes und der langen Startstrecke schöner zu fliegen als alle vergleichbaren Typen.
Foto: Fischer

Die Besatzung einer Heinkel He 70F bei der Flugvorbereitung. *Foto: Sammlung Bukowski*

Focke-Wulf Fw 58C „Weihe". Sie wurde in Schönwalde zur Umschulung auf zweimotorige Flugzeuge eingesetzt. Die große Flügelspannweite von über 21 m ist hier deutlich zu sehen. Foto: Sammlung Zundel

Caudron C 445. Dieses französische Verkehrsflugzeug flog in Schönwalde als Trainer für Blindflug und Navigation. Foto: Sammlung Zundel

Start von Bü 131 und 133 zum Verbandsflug (Schönwalde 1942). *Foto: Fischer*

Oberstleutnant Werner Mölders (links), Kommodore des JG 51 und Träger des Eichenlaubs mit Schwertern, war häufig in Schönwalde zu Gast. Die Markierungen am Leitwerk seiner Me 109F lassen auf etwa 70 Abschüsse schließen (1941). Der Ort dieses Schnappschusses ist im Album des ehemaligen Flugschülers Gerhard Preiß leider nicht vermerkt. *Foto: Preiß*

STATIONIERUNGEN AUF DEM FLIEGERHORST SCHÖNWALDE 1935 - 1945

Verband/Einheit	Zeitraum	Ausrüstung
Fliegergruppe Hennigsdorf	01.07.35 - 31.12.35	U 12b, L 101, L 25 Ar 66
FEA (42, 12) 11 Schönwalde	01.01.36 - 31.03.39	Flugzeugpark FFS A/B Schönwalde
FAR 11	01.04.39 - 25.09.42	(siehe Übersicht Schul- und Übungsflugzeuge FFS A/B Schönwalde)
FÜS Schönwalde (DLV)	01.01.36 - 30.11.36	- " -
FFS (A, B) A/B Schönwalde	01.12.36 - 31.03.39	- " -
Schule/FAR 11	01.04.39 - 30.09.41	- " -
FFS A/B 11	01.10.41 - 22.08.43	- " -
Flieger-Bildschule Schönwalde	1936 - 1943	He 45, He 46, Ju 86, Hs 126
Beobachterschule Schönwalde	Ende 1936 - etwa 1942	Hs 122, Hs 126, He 111, Do 17, Do 215
3./KG 3 „Blitzgeschwader“	24.08.39 - 01.09.39	Do 17
Stab III./JG 52	17.09.40 - 15.10.40	Me 109E
8./JG 52	17.09.40 - 18.11.40	Me 109E
9./JG 52	17.09.40 - Ende 09.40	Me 109E
7./JG 52	15.10.40 - 18.11.40	Me 109E
Offiziers-Lehrkommando (OLK)	1938 - 1939	Flugzeugpark der FFS A/B Schönwalde
Kriegsoffizier-Schule	1940 - 22.08.43	- " -
Flugleitungsschule der Luftwaffe	1940 - 1944	- " -
Überführungskommando Chef AW	März 1941 - April 1943	
Erg.Transportfliegergruppe	01.07.42 - Januar 1943	Ju 52
Kampfgruppe KGr z. b. V. 300	Februar 1943 - 30.04.43	Ju 52
Erg.TGr. (XIV.FK)	01.05.43 - 30.06.43	Ju 52
Stab und I., Teile II./ Erg.TG (XIV.FK)	Juli 1943 - Juli 1944	Ju 52, Ju 352, Ar 232, Me 323, S.M.82, LeO 451
Erg.TGr (XIV. FK)	August 1944 - Oktober 1944	- " -
Erg.-Transportfliegerstaffel (XIV.FK)	November 1944 - Dezember 1944	Ju 52
15./TG 4 Erprobungsstaffel Ju 352 "Herkules"	15.09.44 - 30.01.45	Ju 352
IV./JG 301	15.10.44 - 20.12.44	Me 109 G-14
2./JG 4	Anfang Oktober 1944 - 20.11.44	Me 109G

Verband/Einheit	Zeitraum	Ausrüstung
Stab/JG 76	01.11.44 - Mitte November 1944	
Hauptbildstelle RLM	1943 - 1945	
Stab/JG 77 „Herz-As“	15.10.44 - Mitte Dezember 1944	Me 109 G-14
I./JG 77 „Herz-As“	17.10.44 - Mitte Dezember 1944	Me 109 G-14
Großraumtransportstaffel Ju 352 / Fw 200	31.01.45 - 10.03.45	Ju 352, Fw 200
1./Erg.JG 1	Januar 1945 - 20.02.45	Fw 190 A-8
2./Erg.JG 1	24.01.45 - 03.02.45	Fw 190 A-8
8./Erg.JG 1	Januar 1945 - Februar 1945	Fw 190 A-8
Teile FdF	Herbst 1944 - 21.04.45	Fw 200, Ju 52, Ju 352, He 111, Ju 88, Si 104, Fi 156

Zahlreiche Angaben entstammen der Fliegerhorstkartei des Bundesarchivs/Militärarchivs in Freiburg sowie der Auswertung des Dokuments „Aufmarschplan fliegende Verbände 1944“. Bei allen Angaben ist zu bedenken, daß die Einheiten möglicherweise früher eintrafen und später verlegt wurden.
Weitere Informationen stammen von: Sven Carlsen, Jürgen Zapf, Kurt Reimer, Franz Lankenau, Werner Wiencke, Manfred Zundel, Christian Kirsch und Helmut Bukowski.

Die Kriegsoffiziers-Schule

Eine weitere Einrichtung in Schönwalde zur Heranbildung von Flugzeugführern war die Kriegsoffiziers-Schule. Sie ging aus dem 1938 gebildeten Offiziers-Lehrkommando (OLK) hervor. Dr. Wolfram Brechtold aus Ulm besuchte diese Schule von Oktober 1942 bis Juni 1943 als Fahnenjunker:

Neben der kriegsschulmäßigen Ausbildung bei „Fähnrichsvater“ Oberleutnant Waschto absolvierte ich die A/B-Schulung bis zum B2-Schein. Mein Fluglehrer war Unteroffizier Lenz.

Erinnerlich ist mir noch, daß zu dieser Zeit auch Heinz Rühmann am Platz war. Ebenso der Filmschauspieler Hannes Stelzer, der das Motorfliegen erlernte. Viktor de Kowas Angetraute, eine Japanerin, trat öfters auf unserer Bühne im Fliegerhorst auf. Der Leiter der Wetterstation Schönwalde war Regierungsrat (Major) Dr. Wittke, den ich gelegentlich in der Bf 108 zu Wetterflügen mitnahm, damit er seine Startverpflegung erhielt.

Wir schulten auf Kl 25 und 35, Ar 66, Go 145, Bü 131, 133 und 181, Fw 58 Weihe, W 34 hi und hau sowie auf Caudron 445.

Zum Erwerb des Luftwaffen-Flugzeugführerscheines verbrachten wir einige Wochen auf dem Arbeitsplatz Friedersdorf. Nach meiner Zeit in Schönwalde besuchte ich die Luftkriegsschule Gatow, dann die Jagdfliegerschule JG 106, und danach flog ich bei der 9./JG 1 in der Reichsverteidigung.

Henschel Hs 122. Von der Hs 122-Kleinserie (links) kamen einzelne Exemplare 1938 an die Beobachterschule der Fliegerersatzabteilung Schönwalde. *Foto: Sammlung Kretzschmar*

Die Flieger-Bildschule

Walter Britt (Jahrgang 1917) aus Berlin war, zuletzt als Oberfeldwebel, Angehöriger der in Schönwalde und später in Hildesheim stationierten Flieger-Bildschule von 1936 bis 1945:

Mitte der dreißiger Jahre wurde in Deutschland ein dichtes Netz von Luftbildstellen geschaffen, um flächendeckend Luftaufklärung und Bildflugdienst betreiben zu können. Als eine von zahlreichen Ausbildungsstätten wurde 1936 unter Führung von Major Johannes Stier die Flieger-Bildschule (FBS) in Schönwalde aufgestellt und ein Jahr darauf der Schulbetrieb aufgenommen.
Die FBS war zwar eine selbständige Einrichtung, aber infolge der gemeinsamen Unterbringung und Nutzung des Fotolabors mit der Bildstelle des Fliegerhorstes (Leiter Oberfeldwebel Schönfelder) verschmolzen. Offiziell, also führungsseitig ebenso wie disziplinarisch, unterstand sie als Außenstelle der FBS Hildesheim, jedoch in Standortfragen dem Kommandanten des Fliegerhorstes.
Untergebracht waren der Kommandeur und die Ausbilder der FBS im Erdgeschoß der Flugleitung. Dort befand sich auch das Fotolabor.
Zum Zeitpunkt der Aufstellung waren die Bauarbeiten noch in vollem Gange, so daß die Schüler, bis zur Fertigstellung der Kasernen nahe der Turnhalle, zunächst noch mit Barackenunterkünften vorlieb nehmen mußten. Die Holzbaracken dienten danach als Schule für rund 40 Lehrgangsteilnehmer, die in einem Halbjahreskurs zu Flieger-Bildspezialisten (bis zum Dienstgrad Unteroffizier) herangebildet wurden.
Die FBS Schönwalde hatte die Aufgabe, Bodenpersonal für die Aufklärungsstaffeln (H), also für die Heeres- bzw. Nahaufklärer und (F), die Fernaufklärer, auszubilden sowie im Interesse vorgesetzter Stäbe Bildflüge auszuführen und Luftaufklärung zu fliegen. In den Staffeln hatten die Bild-Soldaten die Aufgabe, die Lichtbildgeräte für die Aufklärungsflugzeuge vorzubereiten und die Luftbilder anzufertigen.
Während des Krieges wurde die FBS zur Luftaufklärung der Folgen gegnerischer Luftangriffe im Raum Berlin herangezogen.
Der Flugzeugpark der FBS Schönwalde bestand aus zwei Nahaufklärern vom Typ He 46 und zwei von der Lufthansa übernommenen Ju 86, die zusätzlich mit 13x18-Handkameras sowie Reihenbildkameras Rb 12/7,5x9 ausgerüstet worden waren.
Zu Beginn der vierziger Jahre übernahm Oberstleutnant Zygan die Flieger-Bildschule in Schönwalde, die 1943 nach Hildesheim verlegt wurde.

Letzte Absprachen vor dem Bildflug treffen Pilot Ernst Voigt (rechts) und Ofw. Laue von der Flieger-Bildschule, der die Luftbildkameras bediente. *Foto: Voigt*

Zur Sicherstellung von Bildflügen für die Flieger-Bildschule Schönwalde stellte die Flugzeugführerschule ihre He 45 zur Verfügung. Hierbei kamen Reihenbild- und Handkameras der FBS zum Einsatz. Gruppenfluglehrer Ernst Voigt (links), Pilot dieser Maschine, bei der Flugvorbereitung. *Foto: Voigt*

Die Heinkel He 45 startete zum Bildflug (Sommer 1937). *Foto: Voigt*

Flugschüler Kurt Lamm während der Umschulung auf die Junkers W 34 hau vom 14. bis 29. August 1941 in Schönwalde. *Foto: Lamm*

Überlebenswichtig - die Ausbildung im Blindflug

Flugkapitän Kurt Lamm (Jahrgang 1919), in Berlin-Karolinenhof zu Hause, flog im Zweiten Weltkrieg unter anderem als Nachtjäger auf der Me 262. Seinen fliegerischen Weg setzte er bei der Deutschen Lufthansa/Interflug (der DDR) als IL-18-Kommandant und Leiter der fliegerischen Aus- und Weiterbildung dieser Fluggesellschaft fort. Hier sein Bericht:

Meine erste Bekanntschaft mit dem Fliegerhorst in Schönwalde machte ich im August 1941. Unsere Fluggruppe - sie gehörte zur Flugzeugführerschule A/B 41 - war für eine gewisse Zeit dorthin verlegt worden, weil es auf dem Flugplatz in Frankfurt/Oder Probleme beim Platzbetrieb mit allen Fluggruppen gab. In der Blindflugausbildung flogen wir die W 34, außerdem die Fw 58 und später auch die Siebel Si 204.
Das Wetter spielt bekanntlich eine große Rolle in der Luftfahrt. Für das Fliegen der K-Typen oder der Maschinen an den C-Schulen konnte man keine „Schönwetterpiloten" gebrauchen. Daher wur-

den bereits an den A/B-Schulen die Flugschüler mit den Grundlagen des Instrumentenfluges vertraut gemacht. Im Verlaufe ihrer weiteren Ausbildung erwarben sie folgende Blindflug-Berechtigungen:
-den Blindflugschein I, also die Befähigung zum Schlechtwetterflug auf A/B-Flugzeugen, auch kleiner Blindflugschein genannt.
-den Blindflugschein II, die Befähigung zum Instrumentenflug bei geschlossener, aufliegender Wolkendecke auf C-Typen (Ju 52, He 111 oder Ju 88), auch großer Blindflugschein genannt,
-den Blindflugschein III speziell für die einmotorige Nachtjagd.
Alle diese Scheine schlossen die Beherrschung der damals praktizierten Blindlandeverfahren mit ein. Unter anderem gehörten dazu:
-das QGH-Verfahren, also der Anflug des Platzes im Durchstoßverfahren bei Mindestsichtweite und Mindestwolkenuntergrenze in Verbindung mit UKW-Landeverfahren (Bakenanflugverfahren).
-das Roland- sowie das ZZ-Anflugverfahren.

Worin bestanden die Schwierigkeiten dieser Ausbildung? Zunächst mußte der Pilot lernen, völlig neue Wahrnehmungssignale zu verarbeiten - Signale, denen der Flugschüler bei Sichtflügen kaum Beachtung schenkt. Jetzt war er gezwungen, auf der Basis abstrakter Symbolik der Instrumente die Lage seines Flugzeuges im Raum zu bestimmen: die Abweichungen vom Kurs, der Höhe und Querneigung, der Vertikalgeschwindigkeit usw. Den Anzeigen der Instrumente mußte der Flugzeugführer strikt vertrauen, denn das eigene fliegerische Gefühl, das einen guten Piloten ebenfalls auszeichnet, war in den Wolken oder bei Nacht ohne Nutzen. Im Gegenteil. Es war sogar gefährlich, seinem Gefühl nachzugeben!

Funktionieren konnte das Fliegen nach Instrumenten nur, wenn der Pilot seine Aufmerksamkeit zwischen Informationsaufnahme, -verarbeitung und motorischer Umsetzung in Steuerbewegungen richtig verteilte. Die Anzeigen der Instrumente auf dem Gerätebrett mußte er wie ein Buch lesen, ohne dabei ins Stocken zu geraten. Wer den darauffolgenden Balanceakt zwischen der Verarbeitung der Information und der praktischen Umsetzung nicht bewältigte, kam für die weitere Ausbildung auf den C-Schulen kaum noch in Frage. Diese Piloten wurden in der Regel Jagdflieger, weil sie im Kunstflug, weil Sichtflug, meist besser waren als die Instrumentenflieger.

Der Verzicht auf die weitere Ausbildung der Jagdflieger bis zu einem Blindflugschein hatte drei

Focke-Wulf Fw 58C. Diese Version der Weihe besaß einen unverglasten Glattblechbug und diente zur Umschulung von ein- auf zweimotorige Flugzeuge, zur B2-Ausbildung sowie zur Besatzungsausbildung im Blindflug und in der Funknavigation. Die hohen Vibrationen der Zelle brachten dem Flugzeug unter den Schülern den Namen „Kotzbomber" ein. *Foto: Preiß*

Gründe: die Zeitnot und die eingeschränkte Ausbildungskapazität sowie der akute Mangel an Flugkraftstoff. Dieses Defizit im Ausbildungsstand führte zu manchem Absturz insbesondere junger Piloten, als die Bomberströme zunehmend auch bei geschlossener Wolkendecke einflogen und manche aufsteigenden Jagdflieger der Tagjagd geradezu aus den Wolken fielen.

Ich hatte noch eine gründliche Ausbildung genossen: Zunächst in Frankfurt/Oder, dann auf der Fluglehrerschule Quedlinburg, und schließlich erwarb ich gemeinsam mit anderen Fluglehrern auf der Fluglehrerschule Brandenburg-Briest den Blindflugschein I. Im August 1943 wurden wir auf der Blindflugschule 10 Altenburg im Schnellverfahren auf Me 109 und Fw 190 für den „Wilde Sau"-Einsatz ausgebildet, wobei wir den Blindflugschein III erwarben.

Die „Wilde Sau"-Einsätze, die einmotorige Nachtjagd, hatten es in sich. Wir mußten nicht nur das Flugzeug steuern, sondern gleichzeitig unter kompliziertesten Bedingungen rechnen und navigieren, fließend phosphoreszierende Ziffern und Zeiger ablesen, die oft stark verzerrten Informationen über Funk mitbekommen, die Leuchtraketen und „winkenden" Scheinwerfer richtig deuten, den Einsatzraum erreichen, die Bomber bekämpfen und schließlich mit dem letzten Tropfen Kraftstoff noch irgendwo sicher landen. Das alles kam einer Gehirnakrobatik gleich, und es blieb keinerlei Zeit dafür, sich am gestirnten Himmel zu erfreuen. Zumal unter einem das brennende Hamburg oder Berlin lag - die Hölle!

Die sogenannten Nachschulungen im Blindflug bewirkten kaum mehr als der berühmte Tropfen auf dem heißen Stein. Bei meinem Einsatz als Nachtjäger „Wilde Sau" auf Me 109 in Wien-Seyring 1943/44 bei der II./NJG 301 erhielt ich von meinem Kommandeur Hauptmann Fulda den Befehl, zeitweise die Blindflugnachschulung der Tagjäger der I./JG 27 in Fels am Wagram zu übernehmen. Sofern ich nicht im Nachteinsatz gewesen war, flog ich mit einer Ar 96B dorthin. Bei Dreiecksflügen in den Wolken oder bei Flügen mit verhängter Kabine sammelten die Tagjäger Erfahrungen im Instrumentenflug und gewannen Selbstvertrauen beim Durchstoßen von Wolkenbänken.

Wie überlebenswichtig die absolute Beherrschung des Blindfluges war, erfuhr ich besonders deutlich im Frühjahr 1945, als ich in der Nachterprobungsstaffel 10./NJG 11 „Kommando Welter" auf der Me 262 flog. Im Licht der Flak-Scheinwerfer jagten wir auf dem 870 km/h schnellen Strahljäger über Berlin die mit hoher Geschwindigkeit fliegenden Mosquito-Nachtbomber.

Junkers Ju 86B. Mit Beginn des Krieges stand der FFS A/B 11 ein Flugzeug dieses Typs aus dem Bestand der Deutschen Lufthansa für die Instrumentenflugausbildung zur Verfügung. Das Bild zeigt die Ju 86 B-06, D-AZAH „Feldberg". *Foto: Sammlung Bukowski*

Auf der Arado Ar 66C begann die B1-Ausbildung. Hier eine Ausführung mit einem kastenartigen Aufbau auf dem vorderen Sitz für die Instrumentenflugausbildung. *Foto: Sammlung Zundel*

Caudron C-445. Ursprünglich flog sie auf Mittelstrecken in Frankreich; in Schönwalde diente sie als B2-Schulflugzeug sowie als Instrumentenflug- und Navigationstrainer. *Foto: Fischer*

Die Fallschirmstelle

Otto Ritzkat (1908 bis 1995), zuletzt Feldwebel, aus Bötzow war bis zu ihrer Verlegung nach Neukuhren/Ostpreußen Leiter der Fallschirmstelle der FFS A/B11 Schönwalde. Hier sein Bericht:

Die Fallschirmstelle war 1935 in der Flugzeughalle 1 eingerichtet worden und zeichnete für die Pflege, Wartung, Ausleihe und das Packen der Rettungsfallschirme verantwortlich, sofern sie nicht vom fliegenden Personal selbst gepackt wurden. Die Fallschirmwarte mußten sich einer Zulassungsprüfung unterziehen, wozu auch die Instandsetzung, also die Arbeit mit der Nähmaschine, gehörte.

Prominentester Gast der Fallschirmstelle war übrigens Otto Graf von Habsburg, der sich als Privatflieger in Schönwalde auch mit dem Packen eines Rettungsfallschirmes vertraut machte.

Für ihn und so manchen anderen Anfänger war die Kappe eines Schirmes zunächst einmal eine Menge Stoff, den es zu bändigen galt. Das hieß, ihn fein säuberlich so aufeinander in Falten zu legen, bis ein etwa rucksackgroßes Päckchen entstand. Dabei durfte sich keine einzige Leine verfitzen, denn der in Not geratene Flieger mußte sich auf den „Engelspyjama" oder „Rettungsring der Luft" - wie die Rettungsgeräte auch genannt wurden - verlassen können.

Um den Flugschülern, die laut Ausbildungsprogramm einen Trainingssprung zu absolvieren hatten, unsere Sorgfalt beim Packen zu beweisen, mußten wir uns als Vorspringer mit in die Tiefe stürzen.

Seinerzeit wurden hauptsächlich halbkugelförmige Fallschirme verwendet. Diese Rundkappen, wie man sie heute nennt, waren nicht steuerbar, aber entsprachen vollauf den damaligen Anforderungen. Die Fallschirmkappen bestanden meist aus Naturseide und besaßen eine Fläche zwischen 40 und 55 m². Die acht bis 15 kg schweren Rettungsgeräte wurden am Gesäß als Sitzfallschirm getragen, und ihre Sinkgeschwindigkeit betrug etwa 5 m/s.

Die Flugschüler in der Vorkriegszeit hatten kaum Probleme beim Absprung aus den langsamen Schulflugzeugen. Ganz anders allerdings sah es nach der Einführung der neuen und wesentlich schnelleren Schulflugzeuge wie Arado Ar 96 oder bei der Umschulung auf K-Flugzeugen aus. Ab 300 km/h war das Verlassen der Kabine nämlich mit Schwierigkeiten verbunden, die oft zu Verletzungen beim Piloten führten. Zum einen wirkte ein sehr hoher Luftwiderstand, zum anderen drohte die Gefahr einer Kollision mit dem Leitwerk.

Da nach dem Verlassen der Kabine das gefahrlose Freikommen vom Flugzeug das größte Problem darstellte, suchten die Fluglehrer den Schülern verschiedene Methoden dafür beizubringen: Einige bevorzugten die Rückenlage des Flugzeuges, aus der sie sich aus der Kabine fallen ließen, andere hingegen die Methode „Trimmung kopflastig".

Das sah so aus: Kabinendach abwerfen, Anschnallgurte lösen, Steuerknüppel mit den Füßen ruckartig nach vorn bis zum Anschlag durchtreten, und während das Flugzeug plötzlich nach unten wegging, wurde der Pilot an die Rückenlehne seines Sitzes gepreßt. Jetzt hatte er nur noch den Fuß vom Steuerknüppel zu nehmen, um katapultartig aus der Kabine geschleudert zu werden. Das setzte jedoch voraus, daß das Flugzeug steuerbar und der Flugzeugführer - beispielsweise nach einem Zusammenstoß bei einer Luftkampfübung - unverletzt geblieben war.

Natürlich bot keine dieser Methoden eine absolut hundertprozentige Gewähr für das sichere Verlassen des Flugzeuges, beeinflußten doch viele, in den wenigen Sekunden meist kaum überschaubare Faktoren das Verhalten eines beschädigten Flugzeuges. Oft mußte man einfach auch Glück haben. Einer der bekanntesten Jagdflieger seinerzeit, der Berliner Hans-Joachim Marseille, hatte dieses Glück nicht. Nach einem Luftkampf - er flog in Nordafrika - drang Rauch in sein Cockpit. Dennoch - er konnte kaum noch atmen und fast nichts mehr sehen - flog er weiter bis hinter die eigene Front und wagte dann den Notausstieg. Augenzeugen berichten, daß er seine Me 109 auf den Rükken drehte und sich aus dem Sitz fallen ließ. Aber tragischerweise sackte das nunmehr führerlose Flugzeug etwas ab, und Marseille kollidierte mit dem Leitwerk. Offenbar bewußtlos, war er nicht mehr in der Lage, den Fallschirm zu öffnen.

„Seit heute Krieg gegen Russland !"

Erich Miethe (Jahrgang 1920), in Bremen zu Hause, war Flugschüler der FFS A/B 11 Schönwalde, als der Krieg gegen die Sowjetunion begann. Er schreibt:

Es war Sonntag, der 22. Juni 1941. Wir bereiteten uns auf den Ausgang vor. Plötzlich rief der UvD: „Ausgangssperre, alle Schüler sofort in den Kinosaal einrücken!“

Im Saal las uns der Chef der Schülerkompanie, Oberleutnant Steigenberger, eine Erklärung zum Kriegsbeginn vor. Sein tiefernster Gesichtsausdruck und die Darlegungen stimmten den größten Teil von uns sehr nachdenklich; an Begeisterung kann ich mich nicht erinnern.

Die Anfangserfolge verdrängten zunächst alle Bedenken. Aber dann brachte die zähe russische Abwehr die deutschen Panzer vor Moskau zum Stehen. „General Schlamm“ und „General Winter“, hieß es, hätten die Niederlage Rußlands verhindert. Im Sommer 1942 versuchte Hitler noch einmal die Initiative an sich zu reißen. Das Ergebnis: Ein Abnutzungskrieg von ungeahntem Ausmaß für die deutschen Armeen. Die Ostfront wurde zu einem Faß ohne Boden und für die Flieger der Luftwaffe zu einem „Verdun der Luft“. Der russische Sieg bei Stalingrad wurde zum Beginn der Wende.

Generalfeldmarschall Milch im Jahre 1941 vor einer Do 215 der Beobachterschule.

Foto: Sammlung Borgmann

Schönwalder in Stalingrad

Kurt Kuppler (1914 bis 1995) aus Schönwalde und zuletzt Oberfeldwebel, gehörte von 1936 bis 1945 der Stabs- und Wirtschaftskompanie an:

Am Jahresende 1942 verweigerte Adolf Hitler der 6. Armee den Ausbruch aus dem Kessel von Stalingrad unter anderem auch deshalb, weil Göring versprochen hatte, die Truppen aus der Luft zu versorgen. Die Luftwaffe beorderte alle verfügbaren Transportflugzeuge, auch die der Flugschulen, nach Stalingrad. Der Fliegerhorst Schönwalde stellte seine Ju 52, die hier als Navigations- und Blindflugschulmaschinen dienten, mit ihren erfahrenen Besatzungen zur Verfügung. Die Navigations- und Instrumentenflugausbildung kam in dieser Zeit fast völlig zum Erliegen. Auch Flugschüler gingen mit - als Beobachter und Bordschützen.
Ende Januar/Anfang Februar 1943 kehrten die ersten Schönwalder wieder aus Stalingrad zurück. Aber nur wenige von ihnen gesund. Ihre Erlebnisse, alle hinter vorgehaltener Hand geflüstert, schreckten die Schönwalder auf: Für den Einsatz der Flugzeuge im russischen Winter fehlten ausreichend Wärme-Anlaßgeräte, und im Kessel mangelte es an Navigationshilfen ebenso wie an Lande- und Betankungseinrichtungen.
Die Motoren sprangen aufgrund des strengen Frostes nicht an, und die Flugzeuge mußten in zum Teil stundenlanger Arbeit aus dem Schnee herausgegraben werden.
Erbracht wurde schließlich nur ein Bruchteil der vollmundig angekündigten Transportleistungen, weil die technischen Voraussetzungen dafür überhaupt nicht vorhanden waren.
Ganz schlimm jedoch die Berichte der in Stalingrad eingesetzten Schönwalder über die tragischen Szenen, die sich beim Aufnehmen der Verwundeten abgespielt hatten. Selbst für den hartgesottensten Soldaten war der Anblick der von schwersten Verwundungen und Erfrierungen Gezeichneten

Die Flugzeuge mußten in zum Teil stundenlanger Arbeit aus dem Schnee herausgegraben werden (Ju 52, Ostfront 1942/43).
Foto: Sammlung Bukowski

etwas Furchtbares. Viele von ihnen mußten zurückgewiesen werden, weil es an Transportraum mangelte. In ihrer Verzweiflung stürmten die Abgewiesenen auf die Maschinen zu und versuchten, sich am Rumpf, an den Flächen und sogar am Fahrwerk festzuklammern. Niemand wollte weiter in dieser Hölle bleiben. Den Besatzungen blieb nur die eigene Waffe, um sich der herandrängenden Soldaten zu erwehren.

Die Landung im Kessel wurde durch die gegnerische Luftabwehr und ständige Bomben- und Artillerieangriffe noch erschwert. So waren die Verluste an Ju 52-Transportflugzeugen enorm hoch; jede zweite Maschine kehrte nicht mehr zum Startflugplatz zurück.

Als auch der letzte Landeplatz im Kessel aufgegeben werden mußte, schrumpfte die Versorgung der Soldaten auf eine völlig unzureichende Menge zusammen. Ein Teil davon ging auch noch verloren, weil niemand in der Lage war, die Abwurfbehälter aus dem haushohen Schnee zu bergen. Manche der Behälter konnte man nicht einmal entdecken, weil sich der weiße Fallschirm oft darüberlegte und ihn auf diese Weise vor den Blicken der Suchtrupps verbarg.

Fieseler Fi 156 „Storch". Gelegentlich tauchte der „Storch" als Kurierflugzeug oder zum Typenfliegen in Schönwalde auf. *Foto: Sammlung Bukowski*

Unten: Betanken eines Fieseler-Storches. *Foto: Sammlung Kretzschmar*

Die letzten Tage der FFS A/B 11 in Schönwalde

Im August 1943 ging die Zeit für die FFS A/B 11 in Schönwalde zu Ende. Das fliegende Personal verlegte staffelweise per Luft und das Bodenpersonal per Eisenbahn nach Neukuhren in Ostpreußen. Aus der dort stationierten FFS A/B 10 und den Schönwaldern entstand die Doppelschule A/B 125 mit dem Hauptplatz Neukuhren und den Arbeitsplätzen Elbing, Lyck und Prowehren.
Noch im August 1943 hatte das erfahrene Fluglehrerkorps der FFS A/B 11 trotz vieler Schwierigkeiten einen recht gut ausgebildeten fliegerischen Nachwuchs verabschieden können. Das aber änderte sich nun gravierend. Insbesondere die ungenügende Versorgung mit Kraftstoff und die Schnellkurse führten zu einer kaum mehr als provisorischen Ausbildung der Flugschüler. Auf diese Weise verließen Flugzeugführer die Schule, die dem Gegner nicht mehr ebenbürtig waren und kaum in der Truppe eingetroffen schon den Tod fanden. Im Durchschnitt gesehen, fielen die blutjungen Piloten bereits beim vierten Feindflug.
Der Mangel an Kraftstoff und somit an einsatzbereiten Flugzeugen ließ das Personal der Luftwaffe zu Hunderttausenden überflüssig werden. Sie wurden in sogenannten Luftwaffen-Felddivisionen zusammengefaßt und - das schon ab 1942 - als Infanterie eingesetzt. Auf diese Aufgabe aber waren beispielsweise auch die Angehörigen des Fliegerausbildungsregimentes Schönwalde ebenso schlecht vorbereitet und gingen folgerichtig an der Ostfront zugrunde.

Ab 1943 dienten auf der FFS gegen Ende eines jeden Flugzeugführerlehrganges Jagdflugzeuge vom Typ Me 109E zur Eignungsprüfung für eine sich eventuell anschließende Ausbildung auf einer Jagdfliegerschule. Links im Bild: Gefreiter Müggenburg. *Foto: Müggenburg*

Kaserne des Fliegerhorstes Neukuhren - neuer Standort der Schönwalder Fliegerschule 1943
Foto: Sammlung Zundel

DIE FLIEGERERSATZABTEILUNG UND IHR UNTERGANG ALS LUFTWAFFEN-FELDDIVISION

Im Verlaufe des Jahres 1936 konnte man in der Garnison Schönwalde - obwohl noch immer eine große Baustelle - eine Uniformvielfalt beobachten, die einzigartig war. Die Angehörigen der Fliegerersatzabteilung (FEA) 42, die die bereits fertiggestellten Unterkünfte zu beziehen begonnen hatten, trugen bis zu ihrer endgültigen Einkleidung nicht nur Uniformen des DLV und der DLH, sondern noch der Reichswehr, der Kriegsmarine und Polizei. Außerdem sah man auch schon die ersten in der neuen Luftwaffen-Uniform. Die Bekleidung verriet zugleich die Herkunft jedes einzelnen, denn bei der Formierung der FEA waren nicht nur junge Freiwillige und Wehrpflichtige sowie Angehörige der Motor- und Segelfluggruppen des DLV eingerückt, sondern ebenso alte Flieger aus dem Ersten Weltkrieg, die inzwischen bei der Reichswehr/Wehrmacht, der Landespolizei, der DLH, DVS und dem DLV ihren Dienst versehen hatten. Sie alle, bislang in ganz Deutschland verstreut, waren wieder zur Stelle, als es darum ging, sowohl die fliegerischen als auch, sofern nicht mehr flugtauglich, die anderen Planstellen der im Entstehen begriffenen Luftwaffe zu besetzen. Auch der erste Kommandeur der FEA, Major Petersen, sowie dessen Nachfolger bis 1942 waren Teilnehmer des Ersten Weltkrieges.

Der schnelle Aufbau der FEA 42 brachte reichlich Probleme mit sich. Mit den Zukommandierten aus allen Wehrmachtsteilen deckte man zwar den Bedarf an Personal, aber das Wissen über die moderne Technik der Luftwaffe war bei den meisten unzureichend. Sie mußten also auf ihre neue Dienststellung vorbereitet und größtenteils sogar umgeschult werden. Dies, die Ausbildung aller Fachkräfte für die Luftwaffe, war die vordringlichste Aufgabe der FEA 42 in jener Zeit.

Ab Ende 1936 begann sich der Charakter der Fliegerersatzabteilung zu wandeln. Zunehmend begann sie nunmehr, den Nachwuchs für das fliegende Personal sowie für das Boden- und allgemeine Personal vorzubereiten.

Fahnenübergabe im Fliegerhorst Schönwalde

Zu einem festlichen Ereignis für die Garnison und Bevölkerung des Fliegerhorstes Schönwalde bei Spandau gestaltete sich die Uebergabe der neuen Fahne an die Abteilung, die am Sonnabend durch den Befehlshaber im Luftkreis II, General der Flieger Kaupisch, erfolgte. Im weiten Viereck hatte die Truppe auf dem Rollfeld Aufstellung genommen. Nachdem der Kommandeur, Major Petersen, Meldung erstattet hatte, schritt General Kaupisch unter den Klängen des Präsentiermarsches die Front ab. Darauf wurde die Fahne feierlich enthüllt. Sie trägt wie alle Fliegerfahnen auf gelbem Grund den Adler, das Hakenkreuz und das Eiserne Kreuz. In kurzen eindringlichen Worten wies der General auf die Bedeutung der Stunde hin.

Fahnenübergabe im Fliegerhorst Schönwalde (Montag, den 10.5.1937, Berliner Lokalanzeiger)
Sammlung Günther

Verleihung der Truppenfahne an die FEA 12 am 8. Mai 1937. General der Flieger Leonhard Kaupisch, Befehlshaber des Luftkreises II (Berlin), überreicht die Fahne dem Kommandeur Major Jens-Peter Petersen. Die teilnehmenden Bewohner der Gemeinde Schönwalde feierten an diesem Tag mit.
Foto: Sammlung Lüdicke

Anmarsch der Ehrenkompanie (2. FAKp) zur Vereidigung der Rekruten. Die Fahne trug Unteroffizier Gerhard Salz aus Neuenhagen/Berlin. *Foto: Sammlung Salz*

Vereidigung von Rekruten des FAR 11 im Herbst 1940. *Foto: Sammlung Borgmann*

Die Stabsoffiziere am rechten Flügel der Garnison. Die anderen Paradeuniformen inmitten der Luftwaffenoffiziere verraten die Herkunft ihrer Träger als Angehörige von Heer und Marine.
Foto: Sammlung Borgmann

Auch die Alten sind mit dabei: Angehörige der Kriegskameradschaften aus Schönwalde, Hennigsdorf und Bötzow als Ehrengäste der Vereidigung. *Foto: Sammlung Borgmann*

In der FEA absolvierten alle Rekruten ihre militärische Grundausbildung, und daneben unterzogen sie sich einer Untersuchung auf Flugtauglichkeit. Die fliegerisch ungeeigneten Soldaten bildete man für den eigenen Bedarf aus: zu Flugzeugmechanikern, Nachrichtenleuten oder auf den Unteroffizier-Lehrkursen (ULK) zu Unteroffizieren. Andere wurden zu Speziallehrgängen der Luftwaffen-Fachschulen kommandiert, um danach in Schönwalde eingesetzt zu werden. Die Überzähligen erhielten einen Versetzungsbefehl zu anderen Fliegertruppenteilen.

Paul Czerepak (Jahrgang 1919), heute wohnhaft in Düsseldorf, diente 1937 als Rekrut in der FEA 12. Er berichtet:

Nach meiner Zeit beim Reichsarbeitsdienst kam ich im April 1937 nach Schönwalde. Die Ausbildung auf der Bolle-Wiese - soweit ich mich erinnere, befand sie sich an der Straße nach Bötzow - war hart. An den Wochenenden hielt ich mich meist in Berlin auf; bei der Rückkehr nach Schönwalde „kämpften" wir, der Andrang war groß, um jeden freien Platz in den Osthavelländischen Bussen, denn die Eisenbahn befand sich noch im Bau. Um 22.00 Uhr mußten wir wieder auf den Stuben sein. Auch an einzelne Gebäude kann ich mich noch erinnern. So besaß die Mannschaftsküche eine Freiterrasse, auf der ich gelegentlich ein Fliegerbier trank. Wenn man Torwache hatte, mußte man sich sehr beeilen, um den vorgeschriebenen, 8 km langen Rundgang um das Kasernengelände und den Flugplatz zu schaffen. Nach einem halben Jahr Grundausbildung wurde ich nach Wildpark-Werder bei Potsdam versetzt.

Die von hektischer Betriebsamkeit geprägte Aufbauphase der Luftwaffe von 1935 bis 1939 war mit zahlreichen strukturellen Veränderungen verbunden, um möglichst schnell eine einsatzfähige Gliederung zu erreichen. Hierzu gehörte auch die Umbenennung der FEA 42 in FEA 12 und später in FEA 11 sowie das - zumindest von der Benennung her - ständig veränderte Unterstellungsverhältnis zu sehen: Bis zum 11. Oktober 1937 gehörte sie zum Luftkreis II (Berlin), der am 1. April 1934 gebildet worden war und später Luftkreis 2 hieß, seit dem 4. Februar 1938 zum Luftwaffen-Gruppenkommando 1 (Ost) und ab 1. Februar 1939 zur Luftflotte 1.

Einmarsch der Ehrenkompanie mit Truppenfahne *Foto: Sammlung Salz*

Die Vereidigung fand mit der Parade ihren Abschluß, die von Oberst Graf Luckner (links) abgenommen wurde. *Foto: Sammlung Borgmann*

Mit geschulterter Waffe auf dem Marsch ins Übungsgelände: die 2. Kp des FAR 11 im Jahre 1940. 4.v.l.: Flieger Heinz Kampowski aus Hohen Neuendorf. *Foto: Kampowski*

Die Ausbilder der 2. Kp/FAR 11 im Dezember 1940. Vorn Kompaniechef Hauptmann von Gahlen (6.v.r.). Foto: Sammlung Thriene

Bereits im November 1938 war die Abteilung erneut umbenannt worden: Aus der FEA 12 wurde die FEA 11, und am 1. April 1939 wurde die FEA 11 zu einem Flieger-Ausbildungsregiment erweitert. Die neue Struktur sah jetzt drei Flieger-Ausbildungsbataillone vor, wobei das I. und II. für die militärische Grundausbildung zuständig und das III. Bataillon identisch mit der FFS A/B 11 war. Nach dieser Umstrukturierung wurde das FAR 11 in Schönwalde der Luftflotte 1 mit General der Flieger Kesselring an der Spitze direkt unterstellt. Bereits in dieser Zeit schuf man jene Strukturelemente, die es später erlaubten, eine Entfaltung des Regiments zu einer Luftwaffen-Felddivision zu ermöglichen. Also vier Bataillone, je eine Panzerjäger-, Flak- und Artillerieabteilung, eine Pionierkompanie, eine Luftnachrichtenkompanie sowie die entsprechenden Versorgungseinheiten.

1940 verlief der Angriffskrieg allerdings noch siegreich, und niemand glaubte an einen Einsatz des FAR 11 als Luftwaffen-Felddivision.

Wie in jener Zeit der Dienstbetrieb in der FAR 11 ablief, schildert Robert Thriene (1919-1998), der 1940/41 in der 2./FAR 11 Schönwalde diente:

Am 16. Oktober 1940 wurde ich eingezogen und kam in die 2. Kompanie des FAR 11. Im Treppenflur der Kaserne, in der wir untergebracht waren, prangte ein Spruch, der mir eigenartigerweise bis heute im Gedächtnis haftengeblieben ist: „Mehr sein als scheinen!“

Beim Einkleiden fand ich keine passenden Stiefel; ich besitze leider einen sehr kurzen Fuß und äußerst hohen Spann - völlig aus der Norm! In der Horst-Schusterei fertigte man für mich aus neuen Stiefeln, also nicht etwa aus abgelatschten alten „Gurken“, passende an, die ich ziemlich lange getragen habe.

Ähnlich arg in Verlegenheit geriet ich auf dem Schießstand. In 50 m Entfernung von der Scheibe waren die Ergebnisse noch gut bis sehr gut, aber bei einer Distanz von 100 m schoß ich oft „Fahrkarten“, wie die Fehlschüsse im Landserjargon hießen. Schließlich schickte man mich zum Optiker, der mir eine Schieß- und auch gleich eine Gasmaskenbrille anfertigte, und die Schießergebnisse gingen wieder in Ordnung. Beide Brillen besitze ich heute noch.

Das Husarenstück

Die folgende Geschichte habe ich zwar nur gehört; sie ist es dennoch wert, erzählt zu werden:
Vor der Hauptwache lagen öfters Fahrräder versteckt. Sie waren von Soldaten, die pünktlich zum Zapfenstreich in der Garnison sein wollten, dort deponiert worden. Zu nächtlicher Stunde fuhren nämlich keine öffentlichen Verkehrsmittel mehr, und da die Zeit immer knapp bemessen war, ließen manche Rekruten in freier Selbstbedienung jedes beliebige Fahrrad einfach „mitgehen“. Das taten viele, und so nahm die Anzahl der vor der Hauptwache deponierten Fahrräder ständig zu.
Die Suche nach den Übeltätern verlief lange Zeit erfolglos - bis sich Oberst Pistorius, der Kommandeur, persönlich auf die Lauer legte. Er hatte tatsächlich Glück und schnappte einen der Fahrraddiebe, den er persönlich zur Wache brachte. Allerdings rechnete er nicht mit dessen Schlitzohrigkeit.
Dienstbeflissen öffnete der Rekrut die Tür zur Wachstube und kommandierte ein lautes „Achtung!“, das dem Wachpersonal galt. Es stand stramm, der Delinquent ließ den Herrn Oberst eintreten und der Wachhabende stürzte ihm entgegen, um Meldung zu erstatten. Diesen Augenblick nutzte der Rekrut, um die Tür von außen zu verschließen und eiligst, und das auch gleich mit dem Schlüssel, zu verschwinden. Somit waren der Oberst, der Wachhabende und die freien Posten in der eigenen Wachstube eingeschlossen. Auch der Posten vor dem Kasernentor konnte nicht helfen, weil er von der ganzen Sache nichts mitbekommen hatte und ebenfalls keinen Wachstubenschlüssel besaß.
Aber da war noch das Telefon, und sofort ergingen Befehle an alle Diensthabenden, umgehend die Suche nach einem leeren Bett aufzunehmen. Aber Fehlanzeige. Auch ein entsprechender Tagesbefehl nützte nichts. Die Zusage der Straffreiheit wurde ebenfalls nicht in Anspruch genommen, und selbst das stufenweise „Draufsatteln“ von Urlaubstagen brachte nicht das erhoffte Ergebnis.
Es kam also nie heraus, wer dieses Husarenstück vollbracht hatte.
Am 15. Januar 1941 beendete ich meine Rekrutenausbildung in Schönwalde. Danach besuchte ich eine fliegertechnische Schule und kam in die 1. Staffel des JG 51 „Mölders“, wo ich bis Kriegsende blieb. Unsere Staffel setzte von der Halbinsel Hela nach Bornholm über, und dort geriet ich am 10. Mai in russische Gefangenschaft.

Der Technische General

Horst Kopsch (Jahrgang 1923) aus Leipzig diente 1941/42 ebenfalls im FAR 11 Schönwalde:

Nach einer sechsmonatigen Segelflugsonderausbildung in den Reichssegelflugschulen Laucha, Grunau und Trebbin mit dem Abschluß Luftfahrerschein Klasse 2 und der Flugzeugschleppberechtigung wurden wir, das heißt rund einhundert Jungs zwischen 18 und 19 Jahren, als Rekruten zum FAR 11 nach Schönwalde eingezogen. Wir wurden zu einer speziellen Kompanie zusammengefaßt, denn das Ziel bestand darin, nach der Grund-, Sturmpionier- und Unteroffiziersausbildung als Lastenseglerpilot und Gruppenführer bei den Luftlandetruppen eingesetzt zu werden.
Die acht Wochen Grundausbildung waren vorbei, und uns stand die obligatorische Besichtigung durch den Flugplatzkommandanten Oberst Pistorius bevor.

Alles war bestens vorbereitet: Die Gewehrgriffe saßen, der Stechschritt auch, und als besondere Attraktion hatten wir den Salto über einen Stubentisch eingeübt. Die drei Mann, bei denen dies partout nicht klappen wollte, sollten sich während der Vorführung in der Garderobe verstecken.
Der letzte Tag vor der Besichtigung wurde dazu genutzt, das richtige Auftreten bei einer eventuellen Befragung durch den Herrn Oberst zu trainieren. Besonders eingebleut wurde uns das laute und deutliche Antworten, wobei stets „Herr Oberst“ hinzuzufügen war.
Nachdem auch diese Dialog-Exerziererei zur Zufriedenheit der Zug- und Gruppenführer verlaufen war, durften wir unsere Doppelstockbetten zur Nachtruhe aufsuchen.
Mitten in der Nacht aber wurden wir geweckt, worüber wir uns doch sehr wunderten. Aber die Erklärung folgte auf dem Fuße: Der Oberst war zum Generalmajor befördert worden. Und was konnte bei der Besichtigung schlimmer sein, als den frisch Beförderten mit „Herrn Oberst“ anzureden! Also ging das militärische Frage- und Antwortspiel weiter, bis in die frühen Morgenstunden hinein: „Und daß keiner von euch 'Herr Generalmajor' bei der Anrede sagt; es heißt nur 'Herr General' - verstanden!“
Nach einer Stunde militärischer Anredeübung klappte auch das. Aber wir wußten: Sollte irgendetwas schieflaufen, war der erste Ausgang nach acht Wochen Ausbildung zum Teufel.

Die große Stunde war angebrochen. Alles lief wie am Schnürchen: die Gewehrgriffe, der Stechschritt und als Attraktion der Salto über den Tisch. Danach standen wir einhundert Rekruten in Linie angetreten, Generalmajor Pistorius nahm jeden einzelnen prüfend in Augenschein und mit etwa jedem zehnten führte er seinen Kurzdialog: „Name?" - „Flieger Schneider, Herr General!" So einfach und schnörkellos ging das über die Bühne - allerdings nur bis zu meinem rechten Nebenmann. Auf die Frage nach seinem Namen antwortete er noch vorzüglich: „Flieger Utikal, Herr General!" Dabei hätte es der General besser bewenden lassen sollen, aber jetzt interessierte er sich auch noch für den Zivilberuf des Utikal. Der antwortete laut und militärisch knapp, aber aufgeregt: „Technischer General, Herr Kontrolleur!"
Herr Kontrolleur!!! Wir standen wie erstarrt, und unsere Ausbilder nicht weniger. Der zum Kontrolleur degradierte General verharrte einen Moment, um dann, ohne ein Wort weiterzugehen oder etwa noch einem anderen Rekruten eine „verfängliche" Frage zu stellen.
Das „Rührt euch!" kam, und wir warteten auf das unvermeidliche Donnerwetter ebenso wie auf das nachmittägliche Ausgehverbot. Etwas abseits standen der General, der Kompaniechef, die Zug- und Gruppenführer und werteten die Besichtigung aus. Dann ging alles sehr schnell. Einer der Zugführer trat zu uns, grinste über das ganze Gesicht und befahl: „Der Technische General marsch, marsch zur Schreibstube und die Ausgangskarten für euch Säcke abholen. Die anderen im Laufschritt ins Quartier, um sich stadtfein zu machen!"
Was war geschehen? Von einem der Gruppenführer erfuhren wir, daß die Besichtigung dem General toll imponiert hat. Besonders der Salto und natürlich der Technische General...

STRUKTUR DES FLIEGERAUSBILDUNGSREGIMENTS FAR 11 SCHÖNWALDE *

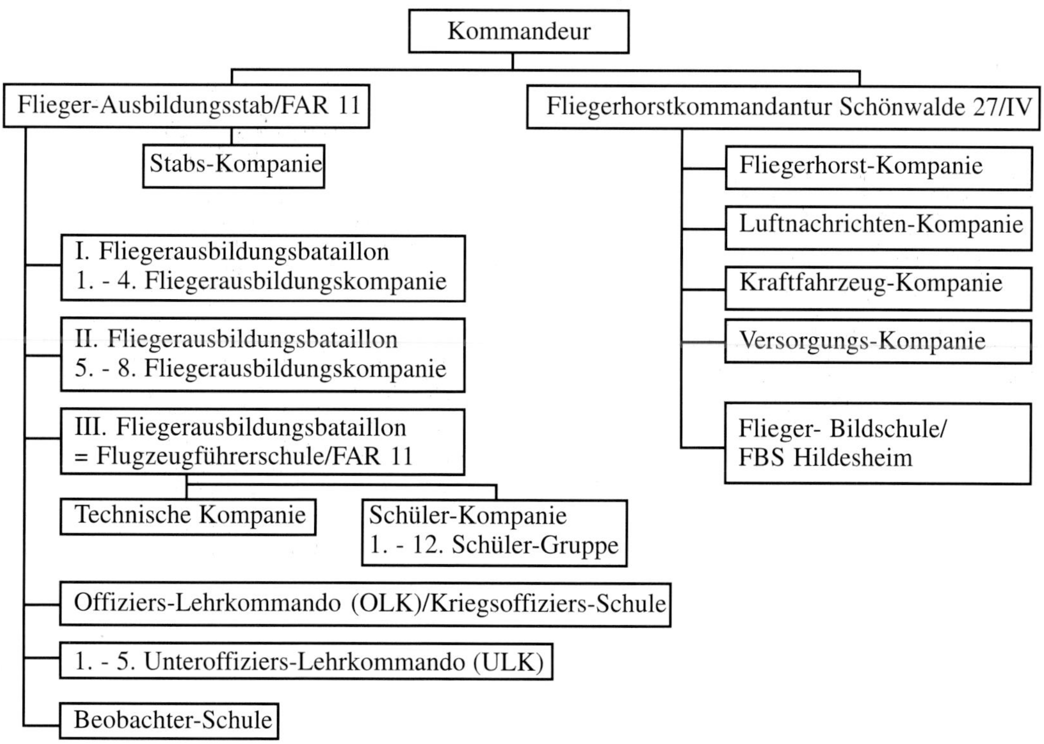

* lt. Regiments-Befehl Nr. 30/1939

Einsatz ohne Wiederkehr

Was von den Schönwaldern für unwahrscheinlich gehalten wurde, kam im Verlaufe des Krieges als bittere Wahrheit auf sie zu: die Mobilmachung des FAR 11 im August 1942!
Die Zeit der Blitzsiege war vorbei, an der Ost- und Afrikafront hatte sich das Schlachtenglück ins Gegenteil gekehrt, und insbesondere die verlustreichen Kämpfe an der Ostfront zwangen Deutschland zur Mobilisierung aller Rüstungskapazitäten und personellen Reserven.
Gerhard Salz (Jahrgang 1915), heute in Neuenhagen bei Berlin zu Hause, gehörte von 1937 bis 1942 der FEA/dem FAR 11 Schönwalde und danach der 3. LwFD an. Ihm ist der nachstehende Bericht über den tragischen Untergang des FAR 11 im Juni 1944 zu verdanken:

Als im Jahre 1942 den an der Ostfront eingesetzten Armeen immer mehr die Kräfte schwanden, wurden innerhalb kurzer Zeit sowohl in der Heimat als auch in der Etappe hinter den Fronten zweiundzwanzig Luftwaffen-Felddivisionen aufgestellt. Darunter auch die aus dem FAR 11 entstandene 3. LwFD unter Generalmajor Pistorius.
Zur Aufstellung verlegte man das FAR 11 am 25. September 1942 auf den östlich der Oder gelegenen Truppenübungsplatz Groß-Born; die ursprünglich angegliederte FFS A/B 11 verblieb in Schönwalde.
Um den hohen Personalbedarf der LwFD abzudekken, ging auch in der Garnison Schönwalde der sogenannte „Heldenklau" um. Die 3. LwFD benötigte etwa 10.000 Soldaten, und so wurden die Dienstzimmer in Schönwalde durchkämmt und richtiggehend leergefegt. Zuletzt blieben in der Fliegersiedlung nur noch die Ehefrauen mit ihren Kindern zurück. Allen saß das Gespenst der Ablösung im Nacken, und man munkelte sogar von einer Auflösung der FFS A/B 11. So weit kam es jedoch nicht. Allerdings mußte auch die Schule ein Jahr später die Garnison zum „frontnahen Einsatz" verlassen.
Ende 1942 wurde die 3. LwFD nach Mont de Mourmelon in Frankreich verlegt und 1943 an den Mittelabschnitt der Ostfront. Die Verluste waren hoch, und im Januar 1944 existierte die 3. LwFD nur noch als sogenannte Kampfgruppe mit vier Bataillonen. Der Untergang kam schließlich im Sommer 1944, als sie, im Bestand der Heeresgruppe Mitte unter Generalfeldmarschall Busch, im Frontabschnitt Newel-Witebsk lag. Bei der russischen Großoffensive am 23. Juni 1944 wurde die 3. LwFD im Raum Minsk fast völlig aufgerieben; Generalmajor Pistorius stürzte am 27. Juni 1944 tödlich bei Witebsk ab. Mein Überleben verdankte ich allein einer Kommandierung nach Deutschland kurz vor der russischen Offensive.

Die ehemaligen Angehörigen des Fliegerausbildungsregimentes 11 in Schönwalde waren für die Bedingungen des erbitterten Erdkampfes an der Ostfront nur unzureichend ausgebildet. Die Fliegersoldaten mußten bei diesem widersinnigen Einsatz als Heereseinheiten, die in den Abwehrschlachten zum großen Teil selbständig handelten, zwangsläufig zugrunde gehen. Unterlagen über die Verluste sind nicht auffindbar. Aber es ist bekannt, daß von den ursprünglich 250.000 Angehörigen der Luftwaffen-Felddivisionen in nur einem Jahr 90.000 als Tote, Verwundete oder Vermißte zu beklagen waren.

FLIEGERERSATZABTEILUNG (FEA)/FLIEGERAUSBILDUNGSREGIMENT (FAR) VON 1935 BIS 1942 IM ÜBERBLICK

Vorkommando Hennigsdorf	01.07.35 - 31.07.35
Fliegergruppe Hennigsdorf	01.08.35 - 31.12.35
FEA 42 Schönwalde	01.01.36 - 30.10.36
FEA 12 Schönwalde	01.11.36 - 31.10.38
FEA 11 Schönwalde	01.11.38 - 31.03.39
FAR 11 Schönwalde (ab 1. September 1939 ohne Ortsangabe)	01.04.39 - 25.09.42

Im September 1942 wurde das FAR 11 nach Groß-Born/Neumark verlegt und bildete dort den Kern für die Aufstellung der 3. Luftwaffen-Felddivision.

Die 3. Luftwaffen-Felddivision im Raum Witebsk im Frühjahr 1944 während einer Besichtigung durch den Oberbefehlshaber der Heeregruppe Mitte, Generalfeldmarschall Busch (links stehend). Generalleutnant Pistorius (rechts), Kommandeur der 3. LwFD überlebt das Jahr nicht, und seine Division wird völlig aufgerieben. Das Foto schoß Zugführer Oberfeldwebel Gerhard Salz in seinem Zugstützpunkt.

Kommandeure (zugleich Fliegerhorstkommandant und Kommandeur der FÜS/FFS):

Oberstleutnant Jens-Peter Petersen (12.10.1893 - 20.08.1971)	01.01.36 - 30.06.38
Oberst Nikolaus Graf von Luckner (24.02.1894 - 24.09.1966)	01.07.38 - 24.09.40
Generalmajor Robert Pistorius (23.05.1896 - 27.06.1944)	05.08.40 - 25.09.42

(Nach Sven Carlsen mit Ergänzungen von Manfred Zundel und Helmut Bukowski.)

Garnison Schönwalde - gefragt als Arbeitsstelle

Die meisten Einrichtungen des Fliegerhorstes Schönwalde waren nur durch die Beschäftigung ziviler Mitarbeiter arbeitsfähig. Das betraf die Feuerwehr, die Luftaufsicht, die Flugzeuginstandhaltung, die Wartung aller Anlagen einschließlich der Rollbahnbetreuung und der unterirdischen Entwässerungsanlagen des Flugfeldes. Die Abteilung Landwirtschaft unter Leitung eines Horst-Landwirtes betreute die als „Rasenmäher“ bestens geeigneten Schafherden sowie eine Farm mit rund

3500 Angorakaninchen, aus deren Wolle Pullover für das fliegende Personal gestrickt wurden. Die Gärtnerei, ursprünglich allein mit der Pflege der Grünanlagen betraut, war zur Eigenproduktion von Gemüse bis hin zu Gewürzen übergegangen. Eine gutbezahlte Arbeit fanden die Zivilbeschäftigten auch im Krankenrevier, in den Kantinen, dem Fuhrpark, in der Verwaltung, den Heizwerken und Werkstätten, der Uniformschneiderei, Kleiderkammer, Schusterei, Strom- und Wasserversorgung, Abwasserentsorgung, Telefon-Vermittlung und was sonst noch die Garnison an Arbeitsstellen bot. Mindestens 500 Zivilbeschäftigte hatten auf dem Fliegerhorst ihr Auskommen gefunden. Selbst Lehrlinge wurden ausgebildet: zu Metallflugzeugbauern und Flugmotorenschlossern.

Den Zivilbeschäftigten wurde ihr besonderer Status sehr deutlich klargemacht. So ließen sich leichter eine hohe Einsatzbereitschaft ebenso wie hohe Leistungen als Selbstverständlichkeit voraussetzen und gegebenenfalls auch einfordern. Das Personal, ob Zivilist oder Fliegersoldat, war durch den täglichen und anstrengenden Flugbetrieb voll ausgelastet. Unter diesen Bedingungen bildete sich eine Fliegerkameradschaft heraus, die auch die Zivilbeschäftigten, laut Arbeitsvertrag „Gefolgschaftsmitglieder im öffentlichen Dienst" sowie „Angestellte des Reichsministers für Luftfahrt“, mit einschloß. Darum bemühten sich auch ganz offensichtlich die in der Menschenführung durchaus erfahrenen Kommandeure und Fliegerpersönlichkeiten wie Petersen und Graf von Luckner. Natürlich genossen die zivilen Mitarbeiter auch entsprechende materielle Vorteile, die außerhalb der Garnison keineswegs selbstverständlich waren: ein pünktlich gezahltes Gehalt, eine Sozial-, Unfall- und Rentenversicherung sowie andere Vergünstigungen.

Der Fliegerhorst Schönwalde sollte ebenso wie andere Fliegerstandorte zu einem „Musterbetrieb“ aufgebaut werden. Die straffe Organisation motivierte nicht nur die Mitarbeiter, sondern bezog auch die Familienangehörigen mit ein und sollte deren Verständnis ebenso wecken wie eine positive Einflußnahme ihrerseits bewirken. Besonders angetan waren die Ehefrauen der Zivilbeschäftigten von den in der Freizeit organisierten Veranstaltungen wie Bus- oder Dampferfahrten. Selbst unliebsame Nachwirkungen des Ausfluges zu Pfingsten 1939 auf dem Dampfer „Europa“, als das Servieren von Kartoffelsalat aus Zinkgefäßen zu teilweise lebensbedrohlichen Vergiftungen führte, taten diesem Anliegen keinerlei Abbruch.

Dampferfahrt der Zivilbeschäftigten auf der Havel zu Pfingsten 1939. Mit den Händen in den Hüften: Oberstleutnant Graf von Luckner. *Foto: Reinert*

Der Arbeitsplatz Schönwalde blieb ein von vielen in der Umgebung Wohnenden angestrebtes Ziel. So ist es auch aus heutiger Sicht nur allzu verständlich, wenn bei Schaffung zusätzlicher Planstellen die Beschäftigten sofort ihre Verwandten oder Freunde ansprachen, die sich wiederum mit einer Empfehlung bereits bewährter Mitarbeiter um die Stelle bewarben. Auf diese Weise vermittelte beispielsweise der Leiter der Uniformschneiderei Wilhelm Reinert im Juli 1940 seiner Ehefrau (das sind die Eltern der Autorin) einen „unbefristet auf Kriegsdauer" gutbezahlten Dienstvertrag als Telefonistin.

Den Zivilangestellten wurde ihre Sonderstellung in jenem Maße bewußter, wie das Ansehen der Luftwaffe stieg. Göring hatte inzwischen durchgesetzt, daß sie eigenständig neben der Wehrmacht und der Kriegsmarine existierte, und ebenso versäumte Hitler keine Gelegenheit, seine im Entstehen begriffene Luftwaffe mit einer Aura von Stolz und Macht zu umgeben. Dazu diente unter anderem die Verleihung von Traditionsnamen an die Geschwader. Ein solches lag zwar nicht in Schönwalde, aber dennoch erhielt jedes einzelne Gebäude nach seiner Fertigstellung während einer feierlichen Zeremonie den darüber hinaus in goldenen Lettern über dem Eingang des Hauses angebrachten Namen eines bekannten Fliegers oder Militärs.

Daß die Luftwaffe binnen kurzer Zeit zu einer modernen Streitmacht hochgerüstet worden war, spürten auch die Zivilangestellten. Sie arbeiteten in den nach neuesten Gesichtspunkten gebauten Hangars mit modernstem Maschinenpark und wohnten in weiträumigen Unterkünften mit Parkettfußböden. In der Kaserne gab es drei pikfeine Kantinen, ein prächtiges Offizierkasino, einen Klub mit zwei(!) Kinos, eine große Turnhalle, ein schönes Schwimmbad und nicht zuletzt eine hervorragende medizinische Betreuung, die jeder in Anspruch nehmen konnte. Davon war jeder Zivilbeschäftigte - die meisten von ihnen zuvor arbeitslos - ungeheuer beeindruckt. Ebenso von den Vergünstigungen, die sie genossen: So erhielten beispielsweise die in Berlin ansässigen Mitarbeiter ihre Fahrkosten mit der Vorortbahn ersetzt. Begeistert waren sie auch von der „fliegerblauen" Uniform der Militärs, und viele der Beschäftigten trugen später selbst den Waffenrock der Luftwaffe - allerdings zu einem Zeitpunkt, als die meisten das nicht mehr sonderlich erstrebenswert fanden. Aber zunächst existierte nur dieses durch den neuen Status der Luftwaffe gehobene Selbstwertgefühl und die Tatsache, gebraucht zu werden in diesem beindruckend funktionierenden Gefüge.

Ein nachhaltiges Erlebnis - auch für die Autoren - waren stets der alljährliche „Tag der Luftwaffe" und der „Tag der Wehrmacht", beides "Tage der offenen Tür". Übrigens fand bis 1937 der „Tag der Luftwaffe" am 21. April, dem Todestag von Manfred Freiherr von Richthofen statt und ab 1938 am 1. März, dem offiziellen Gründungstag der Luftwaffe. Auch der „Tag der Wehrmacht" war 1938 verändert worden: vom 5. Dezember auf den 16. März, da das Gesetz über den Aufbau der Wehrmacht am 16. März 1935 beschlossen worden war.

Wie zu einem Frühlingsfest strömten die Besucher, insbesondere die Schulkinder, aus allen Richtungen des Osthavellandes durch das Eingangstor der Garnison. Nach dem militärischen Appell mit Vorbeimarsch wurden ihnen neben dem Überflug der neuesten Schulflugzeuge nicht nur eine exzellente Kunstflugschau oder Fallschirmsprünge geboten, sondern auch Vergnügungen vielerlei Art. Und das vom Vormittag bis in die Abendstunden hinein. Auch für das leibliche Wohl war gesorgt. Die beliebten Erbsen mit Speck gab es hier sogar ohne Lebensmittelkarten. Gut gestärkt, konnte sich nun jeder ganz nach eigenem Geschmack unterhalten lassen. Im Kino war die neueste Wochenschau zu sehen, und Propagandafilme warben für den Dienst in der Deutschen Luftwaffe. Sogar das Mitfliegen in der berühmten „Tante Ju" oder in einer Junkers W 34 war möglich. Ausgiebig wurde auch der Alltag des Flugbetriebes demonstriert; man durfte die Werft besichtigen und das Betanken der Maschinen aus der Nähe verfolgen. Und welcher Junge war nicht begeistert, wenn er ein Flugzeug oder eine Vierlingsflak anfassen konnte? Dagegen hatten die vorgeführten Löschübungen von Brandbomben und die Luftschutz- bzw. Feuerwehrübungen mehr praktische Bedeutung. Schließlich stand - zumindest für wenige Eingeweihte - der Krieg vor der Tür, aber wer glaubte schon daran! Die Jugend jedenfalls zu allerletzt. Sie wünschte sich, möglichst schnell selbst in ein richtiges Flugzeug zu steigen oder ein Fla-MG zu bedienen und die ersten praktischen Übungen zu absolvieren. Auf dem Schießstand in der Garnison wurde auch daran gedacht, zu ihrer Enttäuschung durften die jungen Gäste aber nur mit dem Kleinkalibergewehr oder mit Platzpatronen schießen. Dem künftigen Waffengang aber wurde auf diese Weise der erste Boden bereitet.

Oberst Graf von Luckner hielt guten Kontakt zu seinen Zivilbeschäftigten und war sehr beliebt. Hier nach seiner Beförderung am 1. Februar 1940. *Foto: Sammlung Borgmann*

1935 wurde die Gaststätte mit der Freiterrasse eröffnet (Küche I). *Foto: Sammlung Waldenberg*

Blick in die Kantine (Küche I) am Langemark-Ring. Der Pächter, Karl Spieß aus Hennigsdorf, ließ 1938 eine aus zehn Postkarten bestehende Bilderserie anfertigen, die er in seiner Kantine verkaufte.
Foto: Sammlung Waldenberg

Das Kantinenpersonal der Küche I am Langemark-Ring. *Foto: Hirte*

Feuerwehrmann Alwin Schleicher aus Schönwalde mit der Ausrüstung eines Angehörigen der Fliegerhorst-Feuerwehr im Jahre 1937: Strahlrohr mit Schlauch, Helm mit Nackenschutz, Gasmaske, Notleine, Beil und Sicherheitsgurt. Auf den Kragenspiegeln und Schulterklappen waren Schwingen angebracht, am Helm sowie am linken Oberarm der Montur der Luftwaffen-Adler.

Foto:Sammlung Gottschalk

Erwin Gering aus Schönwalde vor einem Kübelwagen Adler 3Gd der Fliegerhorst-Feuerwehr 1940. Das Fahrzeug diente als Führungs- und Mannschaftstransportwagen.

Foto: Sammlung Gottschalk

Zwei Löschgruppen der Fliegerhorst-Feuerwehr an der Rückseite des Feuerwehrgebäudes mit der Werkstatt. Links ein Löschfahrzeug Büssing NAG, in der Mitte ein Mercedes-Benz und rechts ein Leiter-Anhänger. Der Oberbrandmeister ist Oberleutnant Neumann (9.v.l.); Eduard Gering ist der 12.v.l.

Foto: Sammlung Gottschalk

Angehörige der Fliegerhorst-Feuerwehr Schönwalde in ihrer Ausgeh-Uniform vor dem nagelneuen Löschfahrzeug Büssing NAG. 4.v.l.: Eduard Gering aus Schönwalde. *Foto: Sammlung Gottschalk*

Am Tag der Luftwaffe am 1. März 1943. Wie stets an diesem Tag der offenen Tür fanden auch Rundflüge statt. Auf dem Bild, vor einer He 72, Wilhelm Reinert, Leiter der Uniformschneiderei (links), seine Frau, Telefonistin in der Garnison, und in der Mitte die Tochter. *Foto: Reinert*

Fremdarbeiter auf dem Fliegerhorst

Die dramatisch steigenden Verluste und die hohe Zahl der Verwundeten an den Fronten führte dazu, daß immer häufiger Zivilangestellte den Waffenrock anziehen mußten. Ausgebildet im Schnellverfahren, gingen sie danach direkt an die Front. Da aber auch der Fliegerhorst und sein Betrieb aufrechterhalten werden mußte, griff man mehr und mehr auf ausländische Arbeitskräfte zurück, die aus den besetzten Gebieten nach Deutschland deportiert worden waren. Nur wenige „kriegswichtige" Positionen blieben Männern im wehrpflichtigen Alter vorbehalten, die das Glück hatten, nach ihrer Einberufung und Grundausbildung für einen längeren Arbeitsurlaub nach Schönwalde freigestellt zu werden. So war dieser Arbeitsort sehr begehrt, weil überlebenswichtig. Dieses recht seltene Glück hatte auch der Vater der Autorin, Wilhelm Reinert, der als Leiter der Uniformschneiderei nach Schönwalde zurückkehren durfte. Vom Volkssturm blieb allerdings auch er nicht verschont, als in den letzten Tagen des April 1945 der Flugplatz noch verteidigt werden sollte. Die Verfasserin erinnert sich einiger seiner Erlebnisse vor und nach der Einnahme des Fliegerhorstes:

In den letzten Kriegsjahren waren meinem Vater ausländische Arbeitskräfte unterschiedlicher Nationalität zugewiesen worden. Die Russinnen arbeiteten gern in Deutschland und bedauerten gar das ständige Herannahen ihrer Armee. Die Belgier, Italiener und Franzosen dagegen taten ihre Arbeit nur widerwillig. Aber alle freuten sich, wenn sie an den Wochenenden von meinem Vater für die Gartenarbeit angefordert wurden. Die familiäre Atmosphäre und der selbstgebackene Kuchen stellten eine willkommene Abwechslung dar. Den Franzosen Marcel schien das jedoch kaum von seiner Zwangssituation abzulenken, in der sich alle Fremdarbeiter befanden. Sie belastete ihn so stark, daß er immer häufiger auch seine Arbeit vernachlässigte. So etwas konnte schlimme Folgen haben, denn schon bei kleineren Vergehen drohte die Gefahr des Abtransportes mit unbekanntem Ziel. Als alle Nachsicht ebenso wie gutes Zureden ohne Erfolg blieben, suchte mein Vater nach einer Gelegenheit, Marcel unter vier Augen zu sprechen - und unbeobachtet! Allein das war schon ein großes Wagnis und als „verbotener Umgang" strafbar. Dennoch kam das Gespräch zustande. Klar und deutlich erklärte mein Vater dem Franzosen - es mag 1943/44 gewesen sein -, daß der Krieg längst verloren sei. Wenn er also seine Heimat wiedersehen wolle, dürfe er nirgendwo Anstoß erregen, der ihn aus der Aufsicht und Obhut meines Vaters entfernen könne. Von diesem Tage an war Marcel's Verhalten tadellos, und an seiner Arbeit vermochte niemand mehr etwas auszusetzen. Meinem Vater jedoch hätte dieses mutige Verhalten nicht nur die Stellung, sondern auch das Leben kosten können. Der junge Marcel und alle anderen Fremdarbeiter haben ihre Heimat wiedergesehen. In den letzten Kriegstagen, bereits beim Volkssturm, setzte sich mein Vater „aus der Schußlinie ab", wie man so sagt. Eine Woche später, die Waffen schwiegen bereits, kehrte er zu seiner Familie nach Hennigsdorf zurück. Dort wurde ihm bald darauf eine Tätigkeit zugewiesen, die er ohne Bezahlung unter der Aufsicht von Russen auszuführen hatte. Unter den Russen waren auch Frauen, und wie froh war mein Vater, als er unter ihnen seine Sonja aus der Schneiderei entdeckte. Sie schickte ihn nach überschwenglicher Freude des Wiedersehens sofort nach Hause. Auf diese Weise blieb meinem Vater vieles erspart.

Der „braune Tod von Schönwalde"

Walter Britt (Jahrgang 1917) aus Berlin:

Der Spielmannszug der Garnison Schönwalde unter Tambourmajor Bellnow und das Musikkorps unter Musikmeister Knobel waren bei der Bevölkerung sehr beliebt. 1942, als die 3. LwFD aufgestellt wurde, fielen alle Musiker dem „Heldenklau" zum Opfer und hatten als ungeübte Infanteristen kaum eine Überlebenschance. Nur wenige von ihnen kehrten wieder nach Hause zurück.

Die Verluste trafen die Schönwalder schwer. Aber während zu Beginn des Rußland-Feldzuges ausgewählte Offiziere oft direkt von der Ostfront kamen, um die Todesnachricht persönlich zu überbringen, übernahm im weiteren Verlauf des Krieges der Ortsgruppenleiter der NSDAP diese Aufgabe. Die Schönwalder Frauen, die hinter der Gardine angstvoll seinem Weg mit ihren Blicken folgten, wenn er in seiner braunen Uniform, mit blankgeputzten Stiefeln und mit grauer Aktenmappe unter dem Arm der Fliegersiedlung zustrebte, um den Angehörigen die Schreckensnachricht zu überbringen, nannten ihn den „braunen Tod von Schönwalde".

Im Sommer 1944 überbrachte er der Frau des Generalleutnants Pistorius die Nachricht vom Tod ihres Mannes. Sie wohnte in der Bötzower Straße und war allen als liebenswert bekannt. Jedem war nun klargeworden, daß das schreckliche Ende nicht mehr fern war.

„GIGANTEN“ UND „TAUSENDFÜSSLER“

Die militärische Bedeutung des Schönwalder Fliegerhorstes wuchs stetig und führte 1942 zum Bau einer befestigten Start- und Landebahn, die großen und schweren Flugzeugen wie der Fw 200 Condor, der Me 323 Gigant oder später dem schnellen Strahlbomber Ar 234 Blitz das Starten und Landen ermöglichte.

Bereits am 20.02.1936 war Schönwalde als Leithorst in das Netz der Fliegerhorste des Luftkreises II (Berlin) eingegliedert worden und trug als Einsatzhafen den Decknamen Sandmännchen. Mit seiner Flugsicherungstechnik, die dem damals modernsten Stand entsprach, eignete er sich natürlich auch als Heimathafen für die Auffrischung bzw. Neuaufstellung von Fliegerverbänden.

Schon im August/September 1939, vor und während des Feldzuges gegen Polen, hielt sich die neuaufgestellte 3. Staffel des KG 3 „Blitzgeschwader“ mit Do 17Z als Einsatzreserve in Schönwalde auf. Ein Jahr später, im September 1940, landeten die Me 109E der III./JG 52 unter Hauptmann Alexander von Winterfeldt nach ihrer Teilnahme an der Luftschlacht über England zur Auffüllung in Schönwalde. Die Gruppe blieb bis November 1940 dort.

Vom Sommer 1942 bis Frühjahr 1945 diente Schönwalde hauptsächlich den Transportfliegern als Heimathorst zur Neuaufstellung und Auffrischung. Zur Verbesserung des Ausbildungsstandes und des Nachschubs der Transportfliegerbesatzungen beabsichtigte die Luftwaffenführung, in Schönwalde ein Transportfliegerausbildungszentrum aufzubauen. Dazu verlegte sie im Februar 1943 die in Wittstock stationierte KGr z.b.V. 300 nach Schönwalde.

Das ist auch einer der Gründe für die Verlegung der FFS A/B 11 Schönwalde im August 1943 nach Neukuhren/Ostpreußen, die den Platz für den neuen Hausherrn, die Ergänzungs-Transportfliegergruppe (Erg.TGr) des XIV. Fliegerkorps, räumen mußte. Laut Befehl des Ob.d.L. Nr. 7794/43 über die Neuorganisation der Transportfliegerverbände war die KGr z.b.V. 300 mit Wirkung vom 1. Mai 1943 in Erg.TGr umbenannt und dem neu aufgestellten „Generalkommando des XIV. Fliegerkorps (Berlin)“ unterstellt worden. Zum schnellen Anlauf der Ausbildung wurden der Erg.TGr bis zum

Ar 232 A-02, VD+YB, beim Einfliegen über der Eisenbahnlinie Brandenburg-Kirchmöser. Ende 1943 kam sie zur 7./Erg. TG Schönwalde. Das originelle Vielradfahrwerk brachte dem Transporter den Beinamen "Tausendfüßler" oder "Tatzelwurm" ein. *Foto: Sammlung Dr. Koos*

Ar 232 A-03 mit dem Kennzeichen VD+YC. Sie zählte zur ersten Maschine, mit der die 7./Erg. TG nach ihrer Aufstellung im Juni 1943 in Schönwalde ausgerüstet wurde. *Foto: Sammlung Griehl*

30. April 1943 23 Ju 52 von anderen Verbänden zugeführt.

In kürzester Zeit entstand aus der Erg.TGr ein Ergänzungs-Transportfliegergeschwader (Erg. TG) mit einem buntgemischten Flugzeugpark von der bewährten Ju 52 über umgerüstete Bomber LéO 451 französischer Produktion bis hin zur Arado Ar 232 „Tausendfüßler", Junkers Ju 352 „Herkules" oder Messerschmitt 323 „Gigant" .

Über die Rolle und Aufgaben des Schönwalder Erg.TG berichtet Fritz Morzik, zuletzt Generalmajor und Lufttransportchef der Wehrmacht im Stabe des Ob.d.L. in seinem Buch „Die deutschen Transportflieger im Zweiten Weltkrieg", Frankfurt 1966, Seite 28:

„Schon vor der Aufstellung des XIV. Fliegerkorps (im April 1943; d.A.) wurden durch den L.T.F. Nachschubbesatzungen an die in Berlin-Schönwalde stationierte K.Gr. z.b.V. 300 abgegeben. Der L.T.F. (Lufttransportführer) wollte und hat damit ein Sammelbecken nicht nur für den Nachschub, sondern auch für versprengte, kranke, abgeflogene oder z.Z. überzählige Besatzungen geschaffen. Ursprünglich war dieses Personal in der 'Verfügungsstaffel' zusammengefaßt und wurde dann in die K.Gr. z.b.V. 300 hineingeschleust. Aus dieser Ergänzungsgruppe entwickelte sich nach der Aufstellung des XIV. Fliegerkorps das Ergänzungs-Transportfliegergeschwader, dem die Aufgabe gestellt wurde, neben der Sammlung allen Personals des Transportfliegersektors, das sich z.Z. nicht bei den Verbänden befand, dieses fliegerisch weiterzubilden, Verlastungsübungen, Erpobungen und Änderungen an Flugzeugen durchzuführen. In Zukunft wurde nicht nur das Personal, sondern auch die aus Werften kommenden Flugzeuge über das Erg.TG überprüft, fronteinsatzfähig gemacht und den Frontverbänden zugeführt.

Mit der Schaffung des Erg.TG war die Forderung der Transportfliegerverbände nach einer Waffenschule zu einem gewissen Grade, wenn auch spät (Sommer 1943), erfüllt worden. Das Ergänzungs-Transportfliegergeschwader konnte sich im Sommer 1943 natürlich nicht mehr richtig entfalten, um den Verbänden einwandfreien Ersatz zu liefern, da dafür zwar noch die Flugzeuge, aber nicht mehr die Betriebsstoffe zur Verfügung gestellt werden konnten."

Über das Geschehen auf dem Fliegerhorst Schönwalde waren die Alliierten bestens informiert. Nach einer USAF-Information vom 17. Februar 1945

„gab es viele Bewegungen von Transportflugzeugen, und vom Sommer 1943 bis Sommer 1944 war eine Transportflieger-Ausbildungseinheit auf dem Platz stationiert.“ Aus heutiger Sicht erscheint es deshalb recht verwunderlich, daß Schönwalde nur einige unbedeutende Luftangriffe erlebte, die darüber hinaus einen wohl mehr zufälligen Charakter trugen. Welche Absicht mochte damit verbunden gewesen sein, diesen Fliegerhorst zu verschonen?

Paul Bohn (Jahrgang 1922), wohnhaft in Bockenau bei Mainz, hielt sich 1943 für kurze Zeit beim Ergänzungs-Transportfliegergeschwader auf:

Am 3. September 1943 traf ich als frischgebackener Bordfunker in Schönwalde ein und mit mir, von allen Luftwaffenschulen Deutschlands, die Piloten, Bordmechaniker und weitere Bordfunker. Aus diesem Nachwuchs stellte man schließlich neue Ju 52-Besatzungen zusammen. Allerdings unterblieb wegen der ständigen Luftangriffe auf Berlin der Flugdienst, und auch ein spezieller Unterricht war nicht möglich. Dafür mußten wir nach den nächtlichen Bombenangriffen oft nach Berlin, um dort beim Beseitigen der Schäden zu helfen. Zu diesem Zweck wurden jedem von uns fünf bis zehn russische Kriegsgefangene zugeteilt, die wir zu beaufsichtigen hatten.

Entsprechend den Nachschubanforderungen wurden die neuen Besatzungen nach und nach zu den entsprechenden Einheiten versetzt. Ich flog am 15. September mit einer Ju 52 nach Grosseto (Italien) zur III./TG 1, die in Monte Catini stationiert war.

Den Anwohnern kam das Beobachten des Flugbetriebes jedesmal einer imposanten Flugschau gleich. Am beeindruckendsten war mit seinen enormen Ausmaßen, den zehn riesigen Rädern und seinem ohrenbetäubenden Motorenlärm die Me 323 „Gigant“. Dem stand der „Tatzelwurm“, wie die Arado 232 auch genannt wurde, kaum nach.

Das Ergänzungs-Transportfliegergeschwader fungierte nicht nur als Ausbildungsverband, sondern hatte auch Aufgaben der Luftversorgung im Auftrag des Generalkommandos des XIV. Fliegerkorps zu bewältigen. Allerdings führte die verstärkte Lufttätigkeit der Alliierten im Jahre 1944 schließlich dazu, daß die Transporter entweder nur noch am frühen Morgen oder am späten Abend fliegen konnten. Das Erg.TG forderte erst gar keinen Jagdschutz an, weil es einfach keinen gab. „Der Flugweg ist so zu wählen, daß Verluste nach Möglichkeit vermieden werden“, lautete eine Weisung der Vorgesetzten. Dennoch fielen zahlreiche Transportflugzeuge den alliierten Jägern zum Opfer, und kurz vor Kriegsende waren schließlich nur noch Nachtflüge einigermaßen erfolgversprechend.
Mit dem Vormarsch der Alliierten gingen die Produktionsstätten in Frankreich und Italien verloren. Ersatzteile für die Ju 52 blieben aus, weil es im Reichsgebiet kein Herstellerwerk für dieses Muster gab. Lediglich in Dessau und Fritzlar (bei Kassel) wurden noch Transportflugzeuge vom Typ Ju 352 gebaut. Das von der Luftwaffe als Großraumtransportflugzeug übernommene Muster tauchte erstmals im Mai 1944 bei der 1./Erg.TG in Schönwalde auf. Ab Juni 1944 kam es bei der 7./Erg.TG

Ju 352 V2, CH+DB, hier noch ohne Bordbewaffnung auf dem Rumpfrücken, bei der Erprobung 1943. Aus der Serienfertigung kamen ab Mai 1944 Ju 352 A-1 beim Erg. TG Schönwalde zum Einsatz.
Foto: Sammlung Griehl

Ab Januar 1945 flogen auch Fw 200C in der Großraumtransportstaffel Schönwalde, die die Ju 352 Herkules der 15./TG 4 in sich vereinigte. *Foto: Sammlung Bukowski*

und später bei der 3./Erg.TG zum Einsatz. Ab September 1944 entstand aus der 3. Staffel die in Schönwalde stationierte 15./TG 4 „Erprobungsstaffel Ju 352 Herkules".

Durch den Aderlaß infolge von Verlusten sowie abgezogenen Maschinen schmolz das Erg.TG schließlich auf vier Staffeln zusammen, worauf das Generalkommando des XIV. Fliegerkorps seine Transportfliegerkräfte reorganisierte auf der Grundlage des Befehls Nr. 11885/44 des Oberkommandos der Luftwaffe vom 21. Juli 1944. Aus diesem ging hervor, daß der Stab des Erg.TG Schönwalde und die II./Erg.TG mit sofortiger Wirkung aufzulösen waren. Für die I./Erg.TG wurde folgende Neugliederung befohlen:

Stab/Erg.TGr, 1./Erg.TGr (Ju52 - Staffel), 2./Erg.TGr (SM 82-Staffel), 3./Erg.TGr (Ju 352 Erprobungs-Staffel) und 4./Erg.TGr (Personal- und Flugzeugleitstellen).

Aus dem Geschwader wurde - wie bereits am Anfang schon - wieder eine Gruppe.

Personal- und Treibstoffmangel, die unzureichende Zuführung neuer Maschinen sowie der befohlene Baustopp mehrmotoriger Flugzeuge durch das RLM im August 1944 führten zur weiteren Reduzierung des Bestandes der Erg.TGr. Ein großer Teil der gut ausgebildeten Schönwalder Besatzungen ging schnell im Verlaufe der Abwehrschlachten verloren. Am Jahresende 1944 existierte nur noch eine einzige Transportfliegerstaffel mit Ju 52, und am 8. April 1945 wurde auch sie in Ludwigslust aufgelöst.

Eine Ju 252 A-1 im Sommer 1943 in Schönwalde. Ihr Nachfolger, die Ju 352 Herkules, hatte dann nur Einzelräder und Holzflügel sowie Stoffbespannung. *Foto: Sammlung Petrick*

Ju 352 V3. Sie war die erste Herkules mit MG-Kuppel auf dem Rumpfrücken. Nach erfolgreicher Erprobung 1943 lief die Serienfertigung an. Die Auslieferung an das Erg. TG Schönwalde begann im Sommer 1944. *Foto: Sammlung Griehl*

Messerschmitt Me 323 Gigant, Werk-Nr. 1236, der 5./Erg. TG in Schönwalde. Sie wurde nach mißglücktem Start am 18. August 1943 zu 80% beschädigt. Foto: Sammlung Dabrowski

Ju 352 A-1, Herkules, G6+AD, der 15./TG 4 Schönwalde. Hier am 18. Februar 1945 in Tutow während der Auswechslung der Steuerbord-Luftschraube, die in Stolp beim Start zum Rückflug durch Steinschlag beschädigt worden war. Foto: Reichardt

Italienische Savoia Marchetti S.M.82 gehörten ab November 1943 zum Bestand der 6./Erg.TG.
Foto: Sammlung Petrick

Die 8./Erg.TG rüstete französische Bomber vom Typ LéO 451 zu Transportern um. Flugzeugführer Gerhard Preiß gelang diese seltene Aufnahme im Oktober 1943. *Foto: Preiß*

Der „Tod“ eines „Tausendfüßlers“

Eduard Gering (1908 bis 1995) aus Schönwalde (Dorf) gehörte von 1935 bis 1945 der Horstfeuerwehr an. Er erlebte den tragischen Absturz einer Arado 232*. Er berichtet:

In den Morgenstunden des 15. August 1943 bezog die alarmierte Horstfeuerwehr eine Bereitschaftsstellung am Ostrand des Platzes. Ein „Tausendfüßler“ befand sich von Osten her im Landeanflug - eine unübliche Landerichtung, da stets mit der Überquerung der Hochspannungsleitung verbunden. Aber wie wir später erfuhren, hatte der Pilot Motorstörungen gemeldet.

Mit Sorge beobachteten wir den durch Nebel erschwerten Anflug der Arado 232, denn es hatten sich bereits mehrere Unfälle durch Kollision mit der Hochspannungsleitung ereignet. In der letzten Phase des Anfluges - wir trauten unseren Augen kaum - geschah das von allen Befürchtete! Der „Tausendfüßler“ berührte kaum merklich den ganz oben angebrachten Draht für den Blitzableiter, fing an zu schlingern und zerschellte am Ostrand des Platzes, ohne jedoch in Brand zu geraten. Dennoch überlebte niemand von den Insassen den Absturz, zu denen neben dem Staffelkapitän und Flugzeugführer Hauptmann Walter Meltzer der Offizier z.b.V. Oberleutnant Helmut Jardon, Bordmechaniker Oberfeldwebel Albert Klenk und Bordfunker Unteroffizier Heinrich Gräf auch der Gruppenkommandeur der I./Erg.TG Major Kurt Wendorff gehörte, den Absturz.

*Wenige Tage später, am 20. August, geschah ein weiteres Unglück, als zwei Ju 52** des Erg.TG bei der Landung zusammenstießen. Beide Flugzeuge wurden stark beschädigt.*

* Die Ar 232 A-03 trug die Kennung VD+YC.
** Die Werknummer 5079 mit 70 % Schaden und die Werknummer 5735 mit 45 % Schaden.

Ar 232 A-03, VD+YC, der 7./Erg. TG Schönwalde. Am 15. August 1943 kollidierte sie im Landeanflug mit der Hochspannungsleitung am Ostrand des Platzes und stürzte am Flugfeldrand ab. Alle Insassen, darunter der Gruppenkommandeur aus Schönwalde, kamen dabei ums Leben. Foto Sammlung Kössler

Der Staffelkapitän der 7./Erg. TG Schönwalde Hauptmann Josef Belz. Als Major wurde er Nachfolger des am 15. August 1943 in Schönwalde tödlich verunglückten Hauptmann Walter Meltzer.
Foto: Sammlung Kössler

Technische Daten des "Tausendfüßler" (auch "Tatzelwurm" genannt)

Bei dem vom Zeitzeugen Eduard Gering oben geschilderten Flugunfall handelte es sich um Personal und um eine Ar 232 der 7. Staffel des in Schönwalde stationierten Ergänzungstransportfliegergeschwaders.
Diese Schönwalder Tranportfliegerstaffel nimmt im Hinblick auf ihre Ausrüstung an Fluggerät eine besondere Stellung ein. 1943 erhielt sie die Ar 232 „Tausendfüßler“ - die als der erste geländegängige Kampfzonentransporter der Welt in die Militärluftfahrtgeschichte einging - und ein Jahr später flog sie bis Kriegsende das moderne Großraumflugzeug Ju 352 „Herkules“ - eine Weiterentwicklung der legendären Ju 52.
Die folgende kurze Beschreibung der Neuheiten der Ar 232 soll verdeutlichen, daß der „Tausendfüßler“ zweifellos das interessanteste Transportflugzeug der Luftwaffe war. Erst Jahre nach dem Krieg bauten die Amerikaner mit der Fairchild C-82 „Packet“ einen entsprechenden geländegängigen Kampfzonentransporter und brachten ihn bei der Berliner Luftbrücke zum Einsatz.
Die Ar 232 zeichnete sich durch folgende Neuheiten aus:
Die wichtigste bestand im Allgelände-Fahrwerk, um in Frontnähe auf Behelfsflugplätzen landen zu können. Das Fahrwerk setzte sich aus dem normalen Bugrad-Einziehfahrwerk und dem Rollenfahrwerk unter dem Rumpf mit gefederten Laufradpaaren zusammen. Auf diese Fahrwerkskonstruktion ist der Beiname „Tatzelwurm“ oder „Tausendfüßler“ zurückzuführen. Die Haupträder wurden seitlich in den Flügel hochgezogen. Zum Rollen und Starten im Gelände konnte das Hauptfahrwerk durch Öldruck verkürzt werden, und der Transporter ließ sich auf das Rollwerk nieder. Dieses Fahrwerk sollte ein Starten und Landen in unebenem Gelände und über bis zu 15 cm dicke Baumstämme sowie 1,5 tiefe Gräben ermöglichen.

Eine weitere Neuerung war der bodennahe, kastenförmige Rumpf mit hochliegendem, rohrartigem Leitwerksträger, der ein schnelles Be- und Entladen von schweren und sperrigen Lasten von hinten gestattete. Zum Beladen war im Inneren ein Laufkran vorhanden. Der hintere Teil des Rumpfbodens konnte hydraulisch als Heckladerampe abgeklappt und im Fluge zwecks Lastenabwurf oder Fallschirmjägerabsprung geöffnet werden.
Von den Beladeмöglichkeiten seien nur erwähnt:
- ein zerlegtes Jagdflugzeug Bf 109 mit Mannschaft und Werkzeug oder
- 16 Abwurflasten von je 250 kg oder vier zu je 1000 kg oder
- ein Infanteriezug von 48 Mann mit Ausrüstung oder
- vier Pak mit 16 Mann Bedienung und 800 Schuß Munition oder
- drei Sturmboote mit zwölf Pionieren.

Die dritte wesentliche Neuerung war folgende:
Die Tragflächen besaßen auf der gesamten Spannweite den neuen „Arado-Wanderflügel“ mit angelenkten Wander-Querrudern. Dieser Hochauftriebsflügel mit „herausschiebbaren und drehbaren Auftriebsklappen“ - wie das dem Arado-Flugzeugwerken im März 1940 erteilte Patent lautet - befähigte die Ar 232 zu einer Landegeschwindigkeit von 90 km/h.
Den Werdegang der 7./Erg.TG schildert Karl Kössler in seiner "Typendokumentation über die Ar 232 Tatzelwurm“, (Zeitschrift Jet & Prop 2/96).
Hier ein Auszug aus dieser Schrift:

Sie war die erste und einzige geschlossene Einheit, die vollständig mit Ar 232 ausgerüstet wurde. Ihre Aufstellung, in Schönwalde bei Berlin, wurde bereits im Juni 1943 befohlen, wahrscheinlich am 15. des Monats.
Als erster Staffelkapitän war der von der III./TG 1 kommende Ritterkreuzträger Hptm Walter „Bubi“ Meltzer eingesetzt worden, der aber bereits am 15. August 1943 bei einem Probeflug mit der Ar 232 A-03, VD+YC, in Schönwalde tödlich verunglückte.
Meltzers Nachfolger wurde Major Josef Belz, ebenfalls Ritterkreuzträger der Transportflieger. Während er und noch einige weitere Angehörige der Staffel bereits im Arado Flugzeugwerk Brandenburg in das neue Muster eingewiesen wurden, konnte erst nach Zuführung der Ar 232 A-02 im November 1943 bei der 7./Erg.TG Schönwalde die Einsatzschulung der anderen Besatzungen begonnen werden.
Im Januar erhielt die 7./Erg.TG drei weitere Maschinen (Ar 232 A-06, A-09 und Ar 232 B-06) und nochmals zwei im Februar 1944 (Ar 232 A-08 und Ar 232 B-05), so daß sie über einen Bestand von sechs Transportern verfügte.
Die bisherigen Kennzeichen der Maschinen der 7. Staffel wurden Anfang Februar 1944 durch neue ersetzt.

Arado Ar 232 V1, die zweimotorige Ausführung mit Motoren BMW 801 A, noch ohne Anstrich und Kennzeichen. Am 28. Juni 1942 erhob sich die V1 erstmals in Brandenburg-Neuendorf in die Luft. Nach erfolgreicher Erprobung kamen bereits ein Jahr später die ersten Maschinen aus der Kleinserie (Ar 232 A-02 bzw. A-03) in Schönwalde zum Einsatz. Foto: Sammlung Griehl

Ar 232 A-09, L5+CR, der 7./Erg. TG Schönwalde. Das Flugbild zeigt deutlich den kastenförmigen Rumpf für schwere und sperrige Lasten sowie den neuartigen rohrförmigen Leitwerksträger.
Foto: Sammlung Petrick

FLUGZEUGBESTAND DES ERGÄNZUNGS-TRANSPORTFLIEGERGESCHWADERS (ERG.TG)

Zeit	Transportertyp / Einheit							Bemerkung
	He 11	Ju 52	Ju 352	Me 323	SM+)	Ar 232	LéO 451	
	Stab	1. bis 4. Staffel	3. Staffel	5. Staffel	6. Staffel	7. Staffel	8. Staffel	
1943								Erg. TGr
April		23						"
Mai		16						"
Juni		16		5				Erg. TG
Juli		13		6				"
August		31		7		1		"
September	1	32		7				"
Oktober		24		6			10	"
November		24		5	4	1	10	"
Dezember		31		3	12	1	10	"
1944								
Januar		32		4	31	4	9	Erg. TG
Februar		31		8	40	6	9	"
März		23		8	41	6	3	"
April		22		9	32	-	2	"
Mai		24	2 (1. Staffel)	11	31		1	"
Juni		19	10 (7. Staffel)		25		1	"
Juli		11	6		12 (2. Staffel)			Erg. TGr
August		15	6		10 (")	1 (3. Staffel)		"
September		3			10 (")			"
Oktober		9						"
November		9						Erg. Transportfliegerstaffel
Dezember		9						

+) SM = SM 75, 79, 81, 82, 90 und 95

Ar 232 A-01, VD+YA. Deutlich zu erkennen ist, daß das Fahrwerk aus dem normalen Einziehfahrwerk und dem Rollenfahrwerk unter dem Rumpf bestand. Das Hauptfahrwerk konnte gesenkt werden, und der Transporter ließ sich auf das Rollwerk nieder. *Foto: Petrick*

Ar 232 A-02. Sie flog bei der 7./Erg. TG Schönwalde unter dem Kennzeichen L5+AR. Hier ist sie im Winter 1943/44 in Eger. *Foto: Sammlung Kössler*

Ar 232 A-06. Sie stieß zum Jahreswechsel mit dem Stammkennzeichen TC+EC zur 7./Erg. TG Schönwalde und erhielt das Verbandskennzeichen L5+BR. Das Foto wurde ebenfalls in Eger geschossen.
Foto: Sammlung Kössler

Auf diesem Foto der Ar 232 A-06 ist das Staffelemblem der 7. Staffel am Bug der Maschine gut zu erkennen. Die Personen sind unbekannt. *Foto: Sammlung Kössler*

Hier das Staffelabzeichen der 7./Erg. TG Schönwalde - der fliegende Elefant - aus der Nähe. *Foto: Sammlung Kössler*

Ar 232 B. Zu Beginn des Jahres 1944 erhielt die 7./Erg. TG Schönwalde ihre ersten viermotorigen Transporter dieser B-Baureihe. Die Verdoppelung der Triebwerkszahl verringerte die Rollstrecke und erhöhte etwas die Geschwindigkeit. Foto: Sammlung Griehl

Ar 232 A-10, GD+QX. Das Foto zeigt deutlich, daß bei den letzten Maschinen dieser Baureihe anstelle der ursprünglich elf Laufradpaare unter dem Rumpf hier nur noch zehn verwendet wurden, was auch für die in Schönwalde stationierten Ar 232 A-08 und A-09 zutraf. Das Wappen deutete auf Wettererkundungseinsatz hin. Foto: Sammlung Griehl

BESTANDSÜBERSICHT AN "TAUSENDFÜSSLER" IN DER 7./ERG.TG

Baumuster	*Werk-Nr.*	*Stamm-Kennzeichen*	*Verbands-Kennzeichen*
Ar 232 A-02	*100 004*	*VD +YB*	*L5+AR*
Ar 232 A-06	*100 008*	*TC +EC*	*L5+BR*
Ar 232 A-09	*100 011*	*TC +EF*	*L5+CR*
Ar 232 B-06	*0110028*	*GD+XM*	*L5+DR*
Ar 232 B-05	*0110027*	*KL +ZX*	*L5+ER*
Ar 232 A-08	*100 010*	*TC +EE*	*L5+FR*

Gleichzeitig legte sich die Arado-Staffel ein originelles Staffelabzeichen zu: Einen fliegenden Elefanten auf Rollschuhen.
Nach Abschluß der Formierung und Herstellung der Fronteinsatzfähigkeit im Winter 1943/44 flog die 7./Erg.TG im Frühjahr 1944 erfolgreiche Einsätze von verschiedenen Liegeplätzen (Eger, Warschau, Zilistea/Rumänien) aus zur Luftversorgung der Ostfront (Odessa, Krim).

Auf dem Rückweg wurden meist Verwundete mitgebracht. Dabei ging die Ar 232 A-02, L5+AR, am 29. März 1944 auf dem Weg von Odessa nach Lemberg verloren und die gesamte Besatzung mit Uffz Leo Weiß (Flugzeugführer), Uffz Helmut Marock (2. Flugzeugführer), Uffz Adolf Trost (Bordfunker), Uffz Heinz Israel (Bordmechaniker) und Fw Franz Poque blieb vermißt.

Kurz darauf wurden die Flugzeuge Ar 232 nach Mühldorf bei München überführt und mit einem Teil des Personals der dort liegenden Transportfliegerstaffel 5 eingegliedert.
Major Josef Belz mußte die weitere Führung seiner Staffel an Hptm Graf übergeben und wurde nach Altenburg versetzt.
Die 7./Erg.TG selbst aber begann, wieder in Schönwalde, auf Junkers Ju 352 umzurüsten.

Aus der 7. Staffel wurde im Sommer 1944 die 3./Erg.TGr Schönwalde, und aus ihr formierte Oltn Franz Lankenau, nachdem er sie im September 1944 von Hptm Graf übernommen hatte, die Erprobungsstaffel Ju 352 „Herkules“. Hier sein Bericht im folgenden Kapitel:

Ar 232 B-09, J4+UH in Mühldorf. Im April 1944 verlegten alle Ar 232 der 7./Erg. TG dorthin, und die Staffel wurde in Schönwalde mit Ju 352 Herkules ausgerüstet. *Foto: Sammlung Griehl*

Erprobungsstaffel Ju 352 „Herkules“

Franz Lankenau (1912-1996) aus Nordenham-Blexen bei Bremerhaven, führte die Ju 352-Erprobungsstaffel in Schönwalde und darüber auch Tagebuch:

Am 15. September 1944 übernahm ich als Oberleutnant und Flugzeugführer in Schönwalde die Erprobungsstaffel Ju 352. Mein Vorgänger war Hauptmann Graf, der zur Nachtjagd ging.
Die obengenannte Bezeichnung trug die Staffel nur in der Zeit, als ich sie führte. Sowohl davor als auch danach trat sie unter anderen Bezeichnungen auf, und der Vollständigkeit halber seien sie alle gleich an dieser Stelle aufgeführt, wobei ich die damals bei uns verwendete Schreibweise benutze:
15.06.44 - 30.06.44 7./Erg.Tr.G. (Ergänzungs-Transportgeschwader)
01.07.44 - 09.08.44 7./II. Erg.Tr.Gr. (Ergänzungs-Transportgruppe)
10.08.44 - 14.09.44 3./Erg.Tr.Gr.
15.09.44 - 30.01.45 15./Tr.G. 4 Erprobungsstaffel Ju 352 "Herkules"
31.01.45 - 10.03.45 Großraumtransportstaffel Ju 352/Fw 200

Oberleutnant Franz Lankenau, Staffelführer der 15./TG 4 „Erprobungsstaffel Ju 352 Herkules“, im Jahre 1944. Foto: Lankenau

Ju 352 A-1 Herkules im Sommer 1944 beim Einsatz. Sperrige Güter konnten problemlos über die Trapoklappe im Rumpfboden, die das Rumpfende bis zur Waagerechten anhob und als Laderampe diente, verladen werden. Foto: Sammlung Griehl

An jenem 15. September kam Major Mauß, der Gruppenkommandeur, nach Schönwalde und übergab mir die 15. Staffel. Wegen der großen Entfernung zum Gruppenstab, der sich in Vietskerstrand (bei Kolberg) befand und von dem auch die Einsatzbefehle kamen, erhielt ich zugleich einige Sonderbefugnisse. So ging ich daran, eine Staffel mit zwölf Besatzungen aufzustellen. Über die Personalleitstelle konnte ich noch einige Besatzungen holen, die mit mir gemeinsam in der kurz vorher aufgelösten II. Gruppe des Tr.G. 1 in Sachau geflogen waren. Die Männer waren heilfroh, auf diese Weise dem „Heldenklau" zu entgehen, der sie zu Infanteristen gemacht hätte.

In den folgenden Wochen versuchten wir, die Flugzeuge für den Fronteinsatz zu komplettieren und uns mit den technischen und fliegerischen Eigenschaften der Ju 352 vertraut zu machen. Dafür blieb uns genügend Zeit, denn die Zahl der befohlenen fliegerischen Einsätze war nur gering.

Die Ju 352 „Herkules" besaß drei 1000-PS-Motore Bramo 323 R-2 und stellte mit ihrer Gemischtbauweise (Metall/Holz) eine Ausweichlösung der ganz aus Metall gebauten Ju 252 dar. Das Flugzeug, das über eine Ladeklappe im Rumpfboden verfügte, konnte fast 7 Tonnen transportieren und erreichte 370 km/h Höchstgeschwindigkeit.

Das technische Personal kannte die Ju 352 überhaupt noch nicht, und so veranlaßte ich neben zahlreichen Unterrichtsstunden in Theorie und Praxis ein Programm zur Erprobung des neuen Flugzeuges. Einen technischen Trupp sowie fliegendes Personal schickte ich nach Dessau zum Klarmachen der fertiggestellten und zu überführenden Maschinen - nicht nur, um die Schönwalder Werft zu entlasten, sondern auch zum schnelleren Kennenlernen des Flugzeuges. Das sparte nicht zuletzt auch Kraftstoff, denn die Piloten konnten sich schon während der Überführung mit der Ju 352 vertraut machen.

Im Oktober 1944 sollten fast alle Maschinen der Staffel nach der Ägäis verlegt werden und dort zum Einsatz gelangen. Deshalb beschleunigte ich die bislang wegen Kraftstoffmangels auf Sparflamme betriebene Umschulung der Flugzeugführer. Aber dann wurden nur zwei Flugzeuge gen Süden geschickt, die Truppen nach Deutschland zurückführen sollten. Beide kehrten nicht zurück. Während eine Maschine bei Szabadka (Szeged) notlanden mußte, prallte die andere in der Nacht gegen ein Bergmassiv bei Graz, wobei neben der Besatzung von Oberfeldwebel Sacher sieben weitere Insassen ums Leben kamen.

Sachers Maschine war zuvor in Saloniki gestartet und hatte mit ausgefahrenem, weil beschädigtem Fahrwerk Kurs auf Wiener Neustadt genommen. Eine Funkverbindung mit dem Peiler in Wiener Neustadt kam nicht zustande, und so muß man vermuten, daß die funktechnische Anlage der Ju 352 ausgefallen war. Das dürfte der Besatzung zum Verhängnis geworden sein, denn als sie, in dem Glauben, sich über dem Wiener Becken zu befinden, die Wolken durchstieß, raste das Flugzeug gegen einen mehr als 1000 m hohen Berg.

Im November wurden der Staffel noch einige weitere Flugzeuge zugewiesen, die wir mit eigenen Mitteln auf den neuesten Rüststand bringen mußten. An den langen Winterabenden im Dezember liefen Fortbildungskurse. Anfang Januar fiel eine Bombe, ein Notabwurf, vor das Offizierkasino und zerstörte es. Ich saß 50 m von dem Einschlag entfernt in meiner Unterkunft und blieb glücklicherweise unverletzt, obwohl Fensterrahmen und Scheiben ins Zimmer flogen.

Der Schaden war zwar schnell behoben, aber dennoch mußte ein Bunkerofen aufgestellt werden, weil inzwischen die Heizung eingefroren war.

Am 24. Januar 1945 erreichte uns der Befehl, zwei Flugzeuge nach Königsberg-Devau zu schicken. Es flogen die Oberfeldwebel Hebler und Schulz.

In den Wochen darauf folgte Einsatz auf Einsatz insbesondere nach Heiligenbeil bei Königsberg. Mit Munition, Verbandsmaterial und Zündmitteln landeten die Maschinen, und ausgeflogen wurden Flüchtlinge - vorzugsweise Frauen, Kinder und alte Leute. Eine Ju 352 konnte bis zu 70 Personen einschließlich Gepäck transportieren, und über alles Erwarten hielten sich die Maschinen gut in den Händen der erfahrenen und bewährten Flugzeugführer meiner Staffel. Hatten doch die Maschinen mehr als vier Monate lang im Freien gestanden und waren, trotz guter Wartung, allen Witterungsunbilden durch Schnee und Regen ausgesetzt gewesen. Die Besatzungen waren sehr zufrieden mit diesem Baumuster von Junkers.

Am 30. Januar 1945 konnte ich acht Eiserne Kreuze II. Klasse verleihen. Oberfeldwebel Schulz flog am 5. Februar bei schlechtestem Wetter einen Einsatz über Grove (Dänemark) nach Stettin und bewies damit die Einsatztauglichkeit der Ju 352 auch unter schwierigsten Bedingungen. Seitdem waren fast alle Flugzeuge ständig unterwegs.

Am 19. Februar in der Frühe wurde Oberfeldwebel Hebler nicht weit von Pillau entfernt über der See abgeschossen. Deutsche Torpedoboote fischten die Besatzung aus dem Wasser, die wenige Tage später wieder in Schönwalde eintraf.

Ab Februar gab es fast jeden Abend nicht enden wollenden Fliegeralarm; aber Schönwalde blieb in meiner Zeit von Luftangriffen verschont. Die letzten Einsätze flogen wir bei Nacht; denn bei Tage war die Feindeinwirkung zu groß.
Im März wurde es zur Gewißheit, daß die aus insgesamt vier Staffeln Ju 352 bestehende Großraumtransportfliegergruppe, der seit 31. Januar auch unsere Großraumtransportfliegerstaffel Ju 352/Fw 200 angehörte, bis auf zwei aufgelöst werden sollte. Für diese beiden war als neuer Einsatzhafen Tutow (bei Demmin) vorgesehen. Da der Gruppenkommandeur, Major Mauß, wieder als Staffelkapitän fliegen wollte, ging meine Tätigkeit in Schönwalde zu Ende. Bis auf drei Flugzeuge wurden alle Maschinen der Staffel auf dem Einsatzweg über Heiligenbeil nach Tutow geschickt, das Gerät per Bahn und Lastkraftwagen verfrachtet. Am 10. März 1945 war die Verlegung abgeschlossen. Das war auch der Tag meiner Versetzung zur Transportstaffel 40, einer Hubschrauberstaffel.

Abschließend noch einige Erinnerungen und Beobachtungen aus meiner Zeit in Schönwalde: Der Kommandant des Fliegerhorstes war im Frühjahr 1945 Major Münter, im Zivilberuf Rektor der Universität Kiel. 1937 hatten wir gemeinsam am Deutschlandflug teilgenommen. Ich steuerte eins von den drei Flugzeugen unserer Mannschaft als Flugzeugführer, Münter flog als Beobachter mit. Unsere Kette belegte übrigens unter den 61 teilnehmenden Mannschaften den 4. Rang.
Auf dem Flugplatz lagen auch einige Jagdstaffeln, die Göring besuchte. Um seine Flieger zu motivieren, sprach er vor ihnen über den Großeinsatz der Vergeltungswaffe V 2 auf England.

Ju 352 A-1, G6+AZ. In der letzten Kriegsphase im Frühjahr 1945 vermochten die Transporter der Erprobungsstaffel aufgrund alliierter Luftüberlegenheit nur noch nachts oder bei Dämmerung im Einzeleinsatz zu fliegen, und es gelang ihnen, Verwundete, Frauen und Kinder aus dem ostpreußischen Kessel vom Fliegerhorst Heiligenbeil herauszuholen. *Foto: Reichardt*

ERPROBUNGSPROGRAMM JU 352 „HERKULES“

von Oberleutnant Franz Lankenau, Staffelführer Erprobungsstaffel Ju 352

1. Stabilitätsflug
   Überprüfung des Ladeplanes
   a) äußerste Vorlage
   b) äußerste Rücklage
   c) ob weitere möglich
2. Dreipunktlandung
   a) nach Ladeplan
   b) ob weitere möglich
3. Überprüfen der Verzurrung
   a) Seile und Ketten
   b) Hanfseile
   c) Bremsklötze
   d) Kisten-Reibung
4. Erfliegen von Höchstlast 19,5 t
5. Höhenflüge, Gipfelhöhe, Steigfähigkeit
   a) mittleres Fluggewicht
   b) Höchstfluggewicht
6. Flug mit offener Ladeklappe
7. Abwürfe über die Ladeklappe

Der geräumige Rumpf war eine stoffbespannte Stahlrohrkonstruktion, der innen durch geformte Holzteile verkleidet wurde. *Foto: Sammlung Griehl*

Ju 352 A-1, G6+AZ, am 16. Februar 1945 im Einsatz von Schönwalde nach Stolp. Hier während der Zwischenlandung in Jüterbog, um Munitionskisten an Bord zu nehmen. *Foto: Reichardt*

Uffz Rudolf Reichardt vor seiner Ju 352 A-1, G6+AZ, am 18. Februar 1945 in Tutow, wo die Verlegung der Staffel von Schönwalde zu diesem neuen Standort vorbereitet wurde. *Foto: Reichardt*

Me 110 G-4 mit Nachtjagdgerät Lichtenstein SN-2. Eines der typischen Bilder im Nachtjagd-Einfallhorst. In den ersten Strahlen der aufgehenden Sonne steht dieser nach nächtlichem Einsatz eingefallene Nachtjäger wieder startklar für die Überführung zum Heimathorst. Er wirkte wie ein riesiges Insekt mit Fühlern.

Foto: Sammlung Griehl

DER NACHTJAGD-EINFALLHORST

Ab 1942 wurde der Fliegerhorst zu einem modernen Nachtjagd-Einfallhorst für die Berliner Luftverteidigung ausgebaut. Das war notwendig geworden, weil die Bombenangriffe der Royal Air Force auf die Reichshauptstadt ständig zunahmen. Ebenso wie ein regulärer Nachtjagd-Heimathorst erhielt Schönwalde neben der befestigten Start- und Landebahn entsprechende Flugplatzbefeuerungs- und Funkführungsanlagen mit Peilerhaus. Nachtjagd-Einheiten wie in Döberitz oder Werneuchen wurden in Schönwalde jedoch nicht stationiert.

1943 verschärfte sich der Luftkrieg der Alliierten gegen das Innere des Reiches. Tag und Nacht griffen die Bomberverbände Städte in ganz Deutschland an - offensichtlich mit dem bevorzugten Ziel, die zivile Bevölkerung zu demoralisieren.

In jenem Jahr ging man in Berlin dazu über, einmotorige Tagjäger mit Unterstützung von Flak-Scheinwerfern in der Nachtjagd einzusetzen. Allerdings stiegen die Verluste unter den meist unerfahrenen Piloten der „Wilden Sau", wie dieses Nachtjagdverfahren genannt wurde, ins Unerträgliche. Viele Maschinen stürzten ab, ohne selbst einen Treffer erhalten zu haben: bei schlechtem Wetter oder weil der Kraftstoff aufgebraucht war. Unter diesen Umständen stellte der Fliegerhorst Schönwalde oftmals die letzte Chance für eine sichere Landung dar, zumal er günstig an der „Scheinwerferstraße Havel" lag, die zur Orientierung in der Nacht ihre Flak-Scheinwerfer senkrecht nach oben richtete.
Eine wirksame Verteidigung gegen die alliierten Bomberströme war jedoch völlig unmöglich. Die Berliner starben zu Tausenden in den Flammen der einstürzenden Häuser.

Berlin in Flammen

Jeden Abend hatte sich die Stadt in völlige Dunkelheit zurückgezogen. Die wenigen Passanten eilten furchtsam durch die Finsternis und bemühten sich, noch schnell ihre Wohnungen zu erreichen, bevor die Sirenen den nächsten Bombenangriff ankündigten. Gegen Mitternacht wurde das Dunkel jäh von Lichtbündeln der Scheinwerfer der deutschen Luftabwehr durchbrochen. Die Nacht wurde zum Tage, und nun begann das Inferno! Das an- und abschwellende Gebrüll der Sirenen riß brutal an den schon seit langem strapazierten Nerven der Bewohner. In der Luft begann ein Rumpeln und Dröhnen, als führen schwerbeladene Güterwagen am Himmel entlang. Die Pulks der Royal Air Force mit ihren 500 und mehr Lancaster-Bombern kamen immer näher.
Dann schwebten Leuchtbomben herab, sogenannte Christbäume, die mit ihren rot, grün, blau und weiß leuchtenden Farben drei bis vier Minuten lang erbarmungslos den Bombern das Zielgebiet vorgaben. Sekunden später erbebte der Stadtteil unter dem Bombenteppich. Staubwolken einstürzender Gebäude vermischten sich mit den Rauchwolken der Brände, wälzten sich durch die Straßen und raubten jedem den Atem. Ganze Straßenzüge standen in Flammen und erzeugten einen Feuersturm, der alles in der Nähe befindliche erfaßte. Ein schauriger Anblick.
Bis in die Morgenstunden und tief in die Mark Brandenburg sichtbar war der Himmel glutrot. Feuerwehren aus der Umgebung, darunter die drei Löschfahrzeuge des Fliegerhorstes Schönwalde, die ständig dabei waren, bemühten sich, die Brände einzudämmen. Aber vergeblich. Das neuartige Napalm ließ sich nicht löschen.
„Wo bleiben unsere Jäger, um sich diesem grauenvollen, gegen die Zivilbevölkerung gerichteten Luftkrieg entgegenzustemmen?", hörte man allerorten die Menschen fragen. Heute wissen wir es: Die meisten Jagdflugzeuge befanden sich an den Fronten, vergleichsweise nur wenige in Berlin, und eine wirklich wirksame Reichsverteidigung existierte nicht.

Ju 88 G-1 der IV. / NJG 3. Während die Besatzung nach dem Nachtgefecht Nachtruhe hält, wird ihre Maschine einsatzklar gemacht. *Foto: Sammlung Griehl*

Schuljungen bei der Luftabwehr

1942 stellte die Luftabwehr im Raum Berlin nur das fünfte Rad am Wagen dar, dem man nur vorübergehend eine gewisse Aufmerksamkeit geschenkt hatte. Ebenso sah es auf dem Fliegerhorst in Schönwalde aus. Der Kommandant verfügte anfangs lediglich über einen einzigen Flak-Zug, der mit drei 2,0-cm-Vierling ausgerüstet war. Erst Anfang 1943 begann man allmählich im westlichen Vorfeld Berlins einen Flak-Gürtel aufzubauen. Dem vorausgegangen war ein von Hitler im September 1942 befohlenes Notprogramm. Es sah die Bildung einer sogenannten Flak-Miliz aus Jugendlichen vor, um rund 120.000 Soldaten der Luftabwehr an die Ostfront zu den Luftwaffen-Felddivisionen abstellen zu können.

Mitte Februar 1943 rückten schließlich 42.000 Oberschüler der Jahrgänge 1926/27, also 16- bis 18jährige, als Flakhelfer sowie Luftwaffenhelferinnen ein. Unter ihnen Günter Salomon (Jahrgang 1926), später viele Jahre lang Bezirksbürgermeister von Berlin Spandau:

Im Februar 1943 wurde ich direkt von der Oberschule in Berlin aus als Flakhelfer eingezogen und kam zur Flak nach Falkensee. Hier stellte Batteriechef Oberleutnant Nagel seine 3. Batterie der 437. Flakabteilung auf, die als Bewaffnung über sechs ortsfeste 10,5-cm-Flak 39 sowie einen Zug ortsfeste 2,0-cm-Flak 30/38 verfügte. Die Offiziere, Unteroffiziere und Spezialisten kamen von der Flak, und wir 16jährige Schüler stellten das Personal für die Geschützbedienungen. Nach kurzer Ausbildung verlegten wir im Mai 1943 nach Schönwalde und bezogen unsere Feuerstellungen im folgenden Raum: Südrand des Flugfeldes, östlich der Schönwalder Rüsselmannstraße und nördlich der Siedlung Schönwalde auf den Teufels-Bruch-Wiesen. Unsere Aufgabe bestand darin, Bomberströme, die beim Anflug auf Berlin in unsere Flakfeuerzone eindrangen, zu bekämpfen und den Fliegerhorst zu decken. Zunächst betrachteten wir unseren Einsatz als eine durchaus willkommene Abwechslung zum bisherigen Schülerdasein. Aber das änderte sich schnell, als wir den Luftgegner hautnah zu spüren bekamen. Da unsere Flak versockelt war und deshalb manövrierunfähig, wurden wir in kurzer Zeit aufgeklärt und stellten ein bevorzugtes Ziel für die im Tiefflug angreifenden Begleitjäger der Alliierten dar. Glücklicherweise kamen wir mit einigen Verletzten davon. Im Dezember 1943 wurde ich schließlich versetzt.

Obwohl ständig neue Flak-Batterien zur Verstärkung der Berliner Luftabwehr im Raum nördlich des Fliegerhorstes, bei Bötzow und Hennigsdorf Stellung bezogen, waren Abschüsse von gegnerischen Bombern, die Tag und Nacht dieses Gebiet überquerten, recht selten. Beklemmend das Bild, das sich den Randberlinern bot: Nahezu unbehelligt hinterließen die in exakter Formation fliegenden Bomberpulks der US Air Force ihre Kondensstreifen am wolkenlosen Himmel, während die deutsche Flak pausenlos, aber vergeblich feuerte. Nur selten wallte eine schwarze Rauchfahne hinter einem der Bomber auf. Gefürchtet war jedoch der Bombennotabwurf eines angeschossenen Flugzeuges.

Nach so einem Abwehrgefecht war der Boden übersät von Splittern der Granaten, und als Entwarnung gegeben worden war, mußten diese Splitter für die „Altstoffsammlung" aufgelesen werden, damit uns, den „enormen" Mengen des zusammengetragenen Metalls, der „Endsieg" auch wirklich sicher sei.

Die deutsche Luftabwehr konnte mit der Taktik und der Technik der alliierten Fliegerkräfte nicht mehr Schritt halten. Deren Flugzeuge zeichneten sich durch eine hohe Beschußfestigkeit aus, und Flug-

Eins von sechs 10,5-cm-Fla-Geschützen der 3./437. Flakabteilung, die auf Sockel in einer Feuerstellung südlich vom Platzrand und östlich vom Wein-Berg standen (1943). Das Geschütz konnte Luftziele bis maximal 12800 m Höhe bekämpfen. Foto: Salomon

höhe sowie Geschwindigkeit waren wesentlich gesteigert worden. So sah sich die Flak immer mehr außerstande, die Einwohner Berlins vor den Bombenangriffen zu schützen.

Im Februar 1945 verlegte übrigens die 3./437. Flakabteilung von Schönwalde zur Panzerabwehr an die Oder.

Hier eine der 1943 gegen tieffliegende Ziele eingesetzten 2,0-cm-Flak der 3. Batterie mit Geschützführer Unteroffizier Marquart (links) und Flakhelfer Werner Salomon, später lange Jahre Bezirksbürgermeister von Spandau. Im Hintergrund: Gebäude vom Dorf Schönwalde. *Foto: Salomon*

Flieger der 15./TG 4 vor dem Unterkunftsgebäude der Staffel in Schönwalde im Herbst 1944. V. l. n. r.: Die Unteroffiziere Franz Beringer, Horst Schiele und Rudolf Reichardt, dem die seltenen Fotos mit der Herkules zu verdanken sind. *Foto: Reichardt*

Chaos und Ohnmacht

Einen kleinen Einblick in die Situation der Reichsverteidigung gibt der ehemalige Flugzeugführer Ernst Hartmann (Jahrgang 1922) aus Preußisch-Oldendorf:

Ich war seit der Aufstellung im Januar 1943 Flugzeugführer in der Transportfliegergruppe 30. Wir flogen die Heinkel He 111. Im Winter 1943/44 erreichte uns folgender Aufruf: „Gesucht werden Flugzeugführer für die Reichsverteidigung!“ Eine ganze Anzahl von uns meldete sich daraufhin, und im März 1944 wurden wir zum Ergänzungs-Transportfliegergeschwader nach Schönwalde versetzt. Dort befanden wir uns sozusagen in Wartestellung - betraut mit Aufräumungsarbeiten, denn irgendwann war in Schönwalde auch einmal eine Bombe gefallen. So hatten wir uns allerdings die Verteidigung des Reiches nicht vorgestellt.
Einmal jedoch durfte ich fliegen. Ich erhielt den Auftrag, eine Ju 52, die wegen ungeklärter schlechter Flugeigenschaften in Stettin stand, nach Parchim zur Werft zu überführen. Auf meine Frage, warum das nicht eine von den Stammbesatzungen des Erg.TG machen würde, erhielt ich als Antwort: „Ihr Reichsverteidigungsaspiranten seid sowieso lebensmüde. Warum sollen wir da unsere Besatzungen dem Risiko mit dem alten Schinken aussetzen?“
Dennoch unternahm ich den Flug, gemeinsam mit meinem Freund, ebenfalls ein Flugzeugführer. Und es war wirklich eine Strapaze! Der Vogel drehte und bockte die ganze Zeit, und wir hatten vollauf zu tun bis zu unserer Landung in Parchim. Es war übrigens mein einziger Flug mit einer Ju 52 nach der Ausbildung auf der C- und Blindflugschule.
In der Nacht nach unserer Rückkehr wurden wir um 4.00 Uhr morgens geweckt. Es hatten sich alle Flugzeugführer mit Erfahrung auf der He 111 zu melden. Danach „packte“ man uns in eine Ju 52 und „lud“ uns in Krosno (bei Lemberg) wieder aus. Mit den Worten „Jetzt habe ich euch ‘Flüchtlinge’ alle wieder!“ begrüßte uns der Kommandeur Major Hornung, denn wir waren wieder bei der Transportfliegergruppe 30 gelandet. Durch unseren Weggang einerseits und nach einem Absturz einer He 111 andererseits, bei dem fünf Flugzeugführer ums Leben gekommen waren, war die Einsatzstärke der TGr 30 nicht mehr gegeben, und so hatte die Reichsverteidigung auf uns verzichtet.
Ein zweites Mal meldete sich übrigens keiner mehr aus unseren Reihen zur Verteidigung des Reiches.

So grotesk diese Episode auch klingen mag, so spiegelt sie doch nur allzu deutlich die Situation damals wider. Erst im Spätherbst 1944 schien sich eine Wende abzuzeichnen, als die Luftflotte Reich im November ihren zahlenmäßigen Höchststand erreichte. Mit Hochdruck wurden neue Jagdgruppen aufgestellt und ausgebildet. Auch in Schönwalde. Doch die Stärke der Reichsverteidigung gab es nur auf dem Papier und entsprach nicht im geringsten dem wirklichen Kampfwert. Die Einäscherung der deutschen Städte konnte sie deshalb nicht mehr verhindern.

Auffrischung in Schönwalde

Nach der erfolgreichen Landung der Alliierten im Sommer 1944 in der Normandie nahm die Lufttätigkeit über dem Reich wieder zu. Luftschlachten bisher ungeahnten Ausmaßes tobten über Mitteldeutschland, und die gegnerische Überlegenheit wurde immer offensichtlicher. Die Zahl der eigenen Luftsiege stand in keinem Verhältnis mehr zu den erlittenen Verlusten. Die Angriffe der Alliierten richteten sich vorwiegend gegen die Zivilbevölkerung in den Städten, aber auch gegen die Hydrierwerke. Die Folge war Treibstoffknappheit, unter der insbesondere die Luftwaffenverbände zu leiden hatten.
Nach den verlustreichen Kämpfen an der Invasionsfront ebenso wie in den Monaten August und September 1944 über Deutschland war für die Tagjagdgeschwader eine Kampfpause dringend erforderlich geworden. Einige Jagdstaffeln trafen im Oktober und November 1944 auch in Schönwalde ein, um aufgefrischt und aufgefüllt zu werden. Den Piloten blieb allerdings kaum Zeit zur Erholung. Schon am 7. November befahl Göring „seinen“ Jagdfliegern die Beendigung der Ruhepause mit den üblichen markigen Sprüchen: „Nun gilt es, wieder anzutreten und zu beweisen, daß es gelungen ist, die deutsche Jagdwaffe neu zu schmieden.“ Mitte November verließ die erst im Oktober eingetroffene 2./JG 4 den Horst in Schönwalde, um sich im Raum Merseburg, Bitterfeld und Dessau dem Gegner zu stellen. Obwohl recht erfolgreich, mußte die Staffel schwere Verluste hinnehmen.
Anfang November war auch der Stab des JG 76 mit dem Stabsschwarm in Schönwalde eingetroffen. Aber schon nach vierzehn Tagen Aufenthalt verließ er Schönwalde mit dem Ziel Imely in Ungarn zum I. Fliegerkorps.
Eines der bekanntesten Jagdgeschwader, das JG 77 „Herz-As“, hatte sich bereits im Spätherbst im

Raum Berlin gesammelt. Seit Kriegsbeginn war es auf allen Kriegsschauplätzen anzutreffen gewesen, und eine ganze Reihe ausgezeichneter Jagdflieger war aus dem Geschwader hervorgegangen: Bär, Gollob, Huy, Müncheberg und Steinhoff, um nur einige zu nennen. Das JG 77 hatte in Nordafrika (1942) und in Italien (1943) gekämpft, wo es stark dezimiert worden war. 1944, in der Reichsverteidigung, zeigte sich jedoch der Mangel an gut ausgebildetem, fliegerischem Nachwuchs besonders deutlich, und die Verluste waren ungeheuer angestiegen. So landeten im Oktober 1944 der Stab und die I./JG 77 in Schönwalde.

Kraftstoffmangel und tödliche Unfälle

Hans Göritz (Jahrgang 1925), wohnhaft in Königswartha, diente Ende 1944 als 1. Wart in der 2./JG 77 und erlebte die Auffrischung der I./JG 77 in Schönwalde mit. Hier sein Bericht:

Am 17. Oktober 1944 verlegten wir von Babenhausen/Hessen nach Schönwalde. Das JG 77 sollte zur Reichsverteidigung in der sogenannten Jägerfestung Berlin eingesetzt werden. Der Geschwaderstab und die I. Gruppe wurden in Schönwalde stationiert, und aus meiner Erinnerung glaube ich zu wissen, daß die II./JG 77 in Eggersdorf lag und die III./JG 77 nach Neuruppin kam. Kommodore war bis zur Übernahme des JG 7 am 7. November 1944 Oberst Johannes Steinhoff, der von Major S. Freytag abgelöst wurde. Die I. Gruppe führte Hauptmann Lothar Baumann. Staffelführer der 2. Staffel, in der ich diente, war Oberleutnant Iring Englisch. Baumann und Englisch wurden übrigens am 24. Dezember 1944 an der Westfront abgeschossen.
Das Soldatenleben in einer Kaserne war für uns ungewohnt geworden. Zum Wecken ertönte wieder die altbekannte Trillerpfeife des UvD; dann mußten die Kaffeeholer raustreten. Im Gegensatz zur Westfront stellte das Leben hier in Schönwalde eine ruhige, mitunter langweilige Zeit dar. Lediglich die ständigen Fliegeralarme brachten, wenn auch unangenehme, Abwechslung.
Auch in Schönwalde erfolgte die Auffüllung der Gruppe mit neuen Me 109. Sie trafen am 1. November ein: 63 Me 109 G-14 mit DB 605A. Ebenso kamen junge Piloten - ganz frisch von der Schule. Einsätze gegen Bomberverbände wurden nicht geflogen, und die neuen Flugzeugführer konnten nur ganz wenige Übungsflüge absolvieren. Es mangelte an Kraftstoff.
Bei der Landung nach einem solchen Übungsflug hatten wir auch den ersten Toten zu beklagen. Beim Ausrollen auf der Grasnarbe stellte sich die Me 109 auf den Kopf, und ganz langsam, als zögere sie noch, überschlug sie sich. Wir eilten sofort zur Unglücksmaschine, um den Piloten zu retten. Aber zu spät. Der Motor geriet in Brand, und als wir eintrafen, hatte sich das Schicksal des Flugzeugführers schon entschieden. Seinen Namen erfuhr ich von einem Kameraden: Leutnant Gerhard Hornig von der 3. Staffel. Er war vorher beim JG 5 an der Murmansk-Front geflogen. Eine Woche darauf verloren wir bei einem Übungseinsatz zwei weitere Piloten durch Luftberührung.
Die Flugzeuge unserer Staffel standen in Schneisen an einem Waldrand. Zwischen den Abstellplätzen und der Start- und Landebahn führte die Ortsverbindungsstraße Schönwalde-Bötzow hindurch, die natürlich abgesperrt war. Jeden Morgen ließen wir 1. Warte die Maschinen an und überprüften die Motoren. Danach rollten wir mit den zehn bis fünfzehn Flugzeugen auf einem schmalen Feldweg an den Vorstart - eine unangenehme Aufgabe, weil man wegen des hochaufragendes Motors den Vordermann kaum sehen konnte und Gefahr lief, ihm das Leitwerk „anzusägen". Nach dem Abstellen der Maschinen war der Tag für uns auch schon gelaufen. Um uns nützlich zu machen, polierten wir das Leitwerk und Teile der Tragflügel mit einer speziellen Paste, damit die „Mühlen" etwas schneller wurden.
An einem trüben Novembertag meldete sich Reichsmarschall Göring zur Visite an. Die I. Gruppe stand im Hangar angetreten, mit Blick zum offenen Hallentor und in Richtung Flugfeld. Wir nahmen an, daß Göring mit dem Fieseler Storch kommen würde. Als wir längere Zeit gewartet hatten, tauchte plötzlich eine Wagenkolonne vor dem Hallentor auf. Der „Dicke" stieg aus, ließ sich einen hellgrauen Umhang reichen und nahm die Meldung entgegen. Dann schritt er die Front ab und sprach lediglich wenige Worte mit einigen Flugzeugführern. Sie waren ja alle jung und unerfahren; nur ein Feldwebel konnte, soweit ich mich erinnern kann, wohl zwei Luftsiege vorweisen. Welchen Zweck der Besuch Görings bei uns hatte, ist mir nicht mehr bewußt. Ich glaube aber, daß er später beim Stab als „Heldenklau" auftrat, also die Abstellung von Soldaten an die Front für den Erdeinsatz forderte.
Mitte Dezember verlegten wir schließlich nach Dortmund-Brackel.

Oben:
Unteroffizier Karl Steffen von der III./JG 52 im September 1940 zur Auffrischung in Schönwalde. 1942 wurde Feldwebel Steffen nach 59 Luftsiegen an der Ostfront mit dem Ritterkreuz ausgezeichnet.
Foto: Steffen

Reichsmarschall Göring im Gespräch mit dem Jagdflieger Ofw Paul Hagemann von der 4./JG 77 (November 1944).
Foto: Sammlung Dr. Prien

Flugzeugführer der III./JG 52 auf der Tragfläche seiner Me 109E; im Arm das Staffelmaskottchen. Die III./JG 52 war im Spätherbst 1940, nach ihrer Teilnahme an der Luftschlacht über England, zur Auffrischung in Schönwalde stationiert. Unter dem rechten Flügel ist die Halle 4 zu erkennen. *Foto: Steffen*

Wohl etwas übermütig nach der Auffrischung des JG 52 in Schönwalde? *Foto: Steffen*

Leutnant Pieper, 2./JG 77 „Herz-As", mit seiner Me 109 G-14 „rote 2" im Oktober 1944 in Schönwalde.
Foto: Sammlung Dr. Prien

Me 109 G-14 "blaue 3" von Ltn Horst Schlick mit dem Staffelabzeichen der 4./JG 77 in Schönwalde. Im Hintergrund sind die Hangars am Ostrand des Platzes zu sehen. *Foto: Sammlung Dr. Prien*

Vom Fernbomber auf die Me 109

Ende 1944 begann in Schönwalde die Aufstellung der IV. Gruppe (Stab mit vier Staffeln) für das JG 301, das im Raum westlich von Berlin (Sachau, Salzwedel, Stendal) lag. Das auf Me 109 fliegende JG 301 existierte bereits seit September 1943 und bestand aus drei Gruppen, die ursprünglich bei der „Wilden Sau" zum Einsatz gekommen waren. Aufgrund der hohen Verluste bei der Nachtjagd war das Geschwader aber längst wieder zur Tagjagd übergegangen. Im Oktober 1944 wurden die drei Gruppen auf je vier Staffeln erweitert und die IV. Gruppe mit vier Staffeln neu geschaffen. Die dafür vorgesehenen Piloten, gewillt, dem Bombenterror mit all ihren Kräften entgegenzutreten, mußten jedoch erst noch im Schnellverfahren zu Jagdfliegern ausgebildet werden.

Werner Wiencke (Jahrgang 1922), heute wohnhaft in Falkensee bei Berlin, gehörte 1944/45 zum technischen Personal der IV./JG 301. Er berichtet:

Im Spätsommer 1944 begann die Luftwaffenführung die Kampffliegergeschwader aufzulösen bzw. deren Piloten auf einmotorige Jagdflugzeuge umzuschulen. Ich gehörte zum technischen Personal eines He 177-Fernbombers der III./KG 1 in Fassberg (Lüneburger Heide) und wurde vom 15. Oktober bis 20. Dezember 1944 in Schönwalde in die Wartung der Me 109G eingewiesen. Gleichzeitig machten sich unsere Piloten in Wittstock mit diesem Flugzeug vertraut. Sie benötigten natürlich mehr Zeit als wir Techniker und mußten außerdem länger als üblich auf ihre Maschinen warten, weil die Bombenangriffe auf die Herstellerwerke zu Unterbrechungen in der Produktion der Jagdflugzeuge führten. Hinzu kam der ständige Mangel an Kraftstoff, und so mußten unsere Jagdflieger ohnmächtig mit ansehen, wie die zehn Kilometer von uns entfernte Altstadt von Spandau mit Tod überzogen wurde und in Trümmern ging.

Mitte Dezember verlegte die IV./JG 301 „Hindenburg", den Namen hatte sie vom KG 1 übernommen, nach Gahro bei Finsterwalde. Hier zeigte sich, daß die Zeit für die Neuaufstellung der Gruppe viel zu kurz bemessen und die unerfahrenen, teilweise sehr jungen Jagdflieger nur ungenügend auf den blutigen Luftkrieg vorbereitet waren. Die Umschulung der ehemaligen Bomberpiloten auf die Me 109 bereitete an sich keinerlei Schwierigkeiten. Im Gegenteil. Die Fliegerei mit diesem herrlichen Flugzeug wäre sogar ein reines Vergnügen gewesen. Die Piloten merkten jedoch recht schnell, daß zu einem erfolgreichen Jagdflieger weniger fliegerische Kunst als vielmehr taktisches Geschick und die sichere Beherrschung des Schießens mit Vorhaltemaß gehörte. Dazu aber bedurfte es langer Übung und vor allem Kampferfahrung. Und beides besaßen sie nicht.

Ab Januar 1945 erfolgte unser Einsatz von den Fliegerhorsten Stendal, Gardelegen und Perleberg aus. Aber schon im März 1945 wurden wir, nach äußerst verlustreichen Kämpfen, in Ludwigslust aufgelöst.

Über Schönwalde ist noch erwähnenswert, daß gleichzeitig mit unserer Gruppe die Fliegerstaffel des Führers (FdF) mit SS-Personal auf dem Platz lag. Wenn ich mich recht entsinne, besaß die Staffel unter anderem unbewaffnete Ju 88. Mit den neuesten Flugmotoren ausgestattet, erreichten diese Flugzeuge eine hohe Geschwindigkeit.

Für kurze Zeit konnten wir auch eine Arado Ar 234, den sogenannten Blitzbomber mit zwei Strahltriebwerken, auf dem Fliegerhorst bewundern. Und einmal traf sogar ein Versuchsverband des Oberbefehlshabers der Luftwaffe mit Beuteflugzeugen in Schönwalde ein. Ganz in Ruhe konnten wir die Lightning, Thunderbolt, Spitfire, Hurricane und Mustang besichtigen. Mich interessierten vor allem die Parameter ihrer Triebwerke. Am auffälligsten für mich die Abgasturbolader der P-38 Lightning, die wir als wahre Wundertüten ansahen! Der Turbolader konnte die Leistung des Motors bis zu 30 Prozent steigern. Dadurch erreichte der eher schwerfällig wirkende Jagdeinsitzer eine Gipfelhöhe von mehr als 12.000 m und über 600 km/h Höchstgeschwindigkeit. Das war schon beeindrukkend.

Ähnliches erfuhren wir über die schnittige P-51 Mustang. Nachdem diese Flugzeuge in großer Anzahl den Schutz der Bomberverbände bis nach Berlin übernommen hatten, begann auch die schwere Zeit unserer Jagdabwehr.

Unsere Flugzeugführer sollten die Manövrierfähigkeit der Beuteflugzeuge kennenlernen sowie deren Vor- und Nachteile studieren, um die Erkenntnisse im Luftkampf verwerten zu können. Gleichzeitig sollte ihnen die Angst vor dem häufig überschätzten gegnerischen Kriegsgerät genommen werden. Leider endete diese imponierende Vorführung mit einem tragischen Unfall. Bei der anschließenden Gelegenheit zum Nachfliegen der ausländischen Muster stürzte ein Pilot des JG 77 mit einer Mustang tödlich ab. (Olt Leo Potjans am 10. Dezember 1944 - Autoren)

P51 B Mustang. Im Dezember 1944 wurden gegnerische Beuteflugzeuge vom Versuchsverband des ObdL in Schönwalde vorgeführt. Mit dieser Maschine - Kennzeichen T9+HK - verunglückte Oltn Leo Potjans von der 1./JG 77 am 10. Dezember 1944 tödlich, als er bei Bötzow in der Nähe des Horstes abstürzte.
Foto: Sammlung Bukowski

Jagdflugzeuge vom Typ Me 109G wurden ab Herbst 1944 in Schönwalde zur Aufstellung der IV. Gruppe des JG 301 „Hindenburg" zusammengezogen. *Foto: Müggenburg*

AUF DER FLUCHT

Die ständigen Bombenangriffe auf die Reichshauptstadt zwangen die Luftwaffenführung, Ausweichplätze für die Berliner Flughäfen festzulegen, um die Verluste möglichst gering zu halten. Nach Erfüllung eines Flugauftrages und bei Nacht grundsätzlich hatten alle Maschinen auf Flugplätzen nahe Berlins zu landen. Schönwalde gehörte dazu - seiner idyllischen Lage und der Deckung bietenden Wälder wegen - und wurde bevorzugt von Reiseflugzeugen der Regierung ebenso wie der Fliegerstaffel des Führers (FdF) angeflogen. Die FdF stellte dort auch einen Teil ihrer luxuriös ausgestatteten Maschinen unter. Geflogen wurden sie von ehemaligen Lufthansa-Besatzungen, von denen ein Teil der SS angehörte. In den Händen der SS lag auch die Bewachung; das Bodenpersonal stellte die Deutsche Lufthansa.
Nach der Aufgabe der „Wolfsschanze", des Führerhauptquartiers im ostpreußischen Rastenburg, bezog die FdF zu Beginn des Jahres 1945 Liegeplätze im Raum Berlin, Pocking/Passau und Salzburg. In Schönwalde stand unter anderem die Fw 200 GC+SJ, das Flugzeug von Großadmiral Dönitz.
In den darauffolgenden Wochen wurden die Maschinen aufgrund des Treibstoffmangels kaum eingesetzt. Die Besatzungen waren vorrangig damit beschäftigt, bei Fliegeralarm, der fast täglich gegeben wurde, ihre Flugzeuge in Splitterboxen und Schneisen unterzuziehen.

Darüber berichtet Flugkapitän Hans Baur - seinerzeit Chef der FdF im Range eines Generalleutnants - in seinem Buch „Ich flog Mächtige der Erde" (Kempten 1956):

„Ende März 1945 fuhr ich nach Schönwalde, um meine Besatzungen zu besuchen und nach den Maschinen zu sehen. Als ich draußen war, wurde Alarm gegeben. Die Maschinen wurden in vorbereitete Waldboxen geschoben. Der nach Berlin einfliegende Bomberpulk war von einer großen Anzahl Jägern begleitet. Zwei von ihnen mußten uns erspäht haben. Sie lösten sich aus dem Verband und stürzten sich auf unseren Platz. Einem der Jäger fiel eine Condor-Maschine zum Opfer. Sie hatte siebentausend Liter Brennstoff an Bord und brannte sofort lichterloh. Das war noch nicht ganz geschehen, da brannte auch schon eine zweite Maschine: die Ju 52, die den Reichsaußenminister flog. Die Erdabwehr schoß heftig, aber zwei unserer Flugzeuge waren für uns verloren."

Am 16. April 1945, als die sowjetische Großoffensive auf Berlin begann, änderte sich für die Piloten schlagartig die Situation. Eiligst wurde die FdF in und rund um Berlin zusammengezogen, um auf die Verlegung der Reichsregierung nach dem Westen vorbereitet zu sein. Aus Pocking traf beispielsweise das Führerbegleitflugzeug Fw 200 CE+IC in Schönwalde ein.

Der Abtransport von Mitgliedern der Reichsregierung begann in den Morgenstunden des 21. April 1945. In Schönwalde rollten unter anderem zwei Ju 352 an den Start. Für beide lautete der Zielflughafen Salzburg. Während die KT+VJ, vollbesetzt mit Mitarbeitern des Auswärtigen Amtes, ihr Ziel erreichte, stürzte die KT+VC bei einem Notlandeversuch südlich von Dresden ab und brannte vollständig aus. Überlebt hatte nur der Bordschütze. Die auf den Zielflughäfen gelandeten Maschinen erhielten Order, unverzüglich nach Berlin zurückzukehren. So auch das Führergepäckflugzeug Ju 52 NT+NL, das in Pocking mit dem Ziel Schönwalde startete. In der Nähe von Jüterbog geriet die wegen der Witterung tieffliegende Maschine in das Feuer gegnerischer Bodentruppen, fing an zu brennen und versuchte noch eine Notlandung. Sie mißlang jedoch, und keiner der Insassen überlebte.

Im Verlaufe des 21. April war die Rote Armee im Norden von Berlin bis Hohen Neuendorf, etwa 12 km Luftlinie von Schönwalde entfernt, vorgestoßen und näherte sich unaufhaltsam dem Flugplatz. An diesem Samstag war von der Sonne kein Strahl zu erblicken; denn es regnete in Strömen. Dennoch herrschte Hochbetrieb in Schönwalde, wo die Besatzungen in den startbereiten Maschinen auf ihren Flugauftrag warteten. Als erste erhielt die Fw 200 GC+SJ die Weisung, nach Berlin-Tempelhof zu fliegen. Gegen Abend kam der Befehl, Schönwalde gänzlich zu räumen. Dazwischen kehrte die Ju 352 KT+VJ von einem Evakuierungsflug zurück, um kurz darauf, gemeinsam mit einer Si 104, wieder zu starten. Das Ziel lautete jetzt Staaken. Die Ju 52 SF+IF wurde nach Gatow beordert, und das Reiseflugzeug He 111 TQ+MU, das um 21.00 Uhr nach Neubiberg abhob, dürfte wohl die letzte Regierungsmaschine gewesen sein, die aus Schönwalde floh.
(Dieses Kapitel beinhaltet Auszüge aus "Unternehmen Reichskanzlei" von Günther Ott in Jet & Prop 3/95)

Im Frühjahr 1939 bekam die Regierungsstaffel ihre ersten zwei Condor-Maschinen vom Typ Fw 200A (Bild). Ab 1940 wurden bewaffnete Condor (Fw 200C) in die Führerstaffel eingeführt. Neben den zwei für Hitler verwendeten Condor-Flugzeugen (Werk-Nr. 137/138) hatten ferner Göring, Heß, Goebbels, Himmler, Keitel und Raeder/Dönitz ihre eigenen Flugzeuge. Der Dönitz-Condor lag 1944/45 in Schönwalde.
Foto: Sammlung Bukowski

Siebel Fh 104 „Hallore". Dieses fünfsitzige Reiseflugzeug war auch bei der Fliegerstaffel des Führers vertreten. Eine Fh 104 zählte mit zu den letzten Maschinen, die am Abend des 21. April 1945 den Platz in Schönwalde räumten.
Foto: Sammlung Kretzschmar

Fw 200 A-09 (V 3), Werk-Nr. 3099, Führerflugzeug (1939). Das Kennzeichen wurde wiederholt geändert: zuerst D-2600, dann WL-2600 und zuletzt 26+00. Es war das erste Condor-Flugzeug der FdF. Während des Krieges hatte die FdF dann bis zu dreizehn Condor im Bestand. 1944/45 lag ein Teil dieser Regierungsflugzeuge in Schönwalde. Foto: Sammlung Griehl

Fw 200 A Condor, 26+00, Reiseflugzeug von Hitler (am Fenster) beim Start. Es wurde fast ausschließlich vom Flugkapitän Hans Baur geflogen. Als Chef der FdF inspizierte er im März 1945 seine Staffel in Schönwalde. Foto: Sammlung Griehl

Fw 200 Condor der FdF. Im Vordergrund: Fw 190 für den Jagdschutz. *Foto: Sammlung Griehl*

Focke-Wulf Fw 200 C-3/U-9, KE+IX. Das Regierungsflugzeug gehörte zu jenen Maschinen, die bei Fliegeralarm von Berlin nach Schönwalde verlegt wurden. *Foto: Sammlung Bukowski*

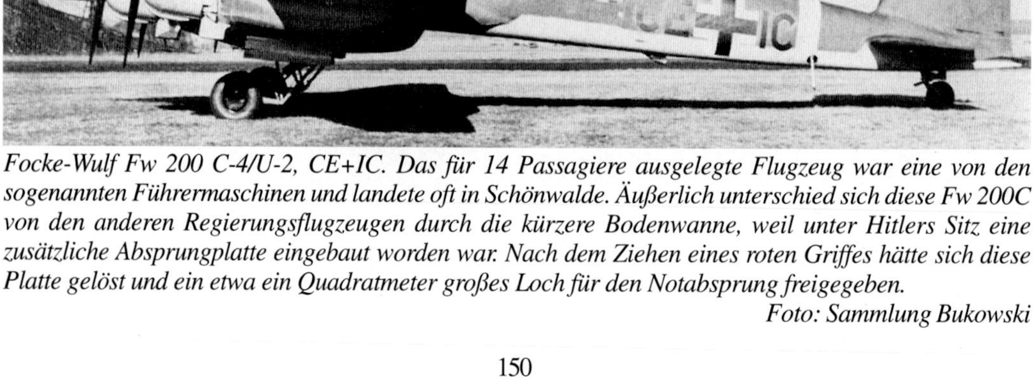

Focke-Wulf Fw 200 C-4/U-2, CE+IC. Das für 14 Passagiere ausgelegte Flugzeug war eine von den sogenannten Führermaschinen und landete oft in Schönwalde. Äußerlich unterschied sich diese Fw 200C von den anderen Regierungsflugzeugen durch die kürzere Bodenwanne, weil unter Hitlers Sitz eine zusätzliche Absprungplatte eingebaut worden war. Nach dem Ziehen eines roten Griffes hätte sich diese Platte gelöst und ein etwa ein Quadratmeter großes Loch für den Notabsprung freigegeben.
Foto: Sammlung Bukowski

Fw 200 C-4/U-1, CE+IB, Führermaschine mit verkürzter Bodenwanne und Staffelemblem der FdF: Schwarzer Adlerkopf auf weißem Feld mit roter Umrandung. *Foto: Borzutzki*

Fw 200 C-4/U-1, CE+IB. Während die CE+IC als Führerbegleitflugzeug verwendet wurde, diente dieses Flugzeug der persönlichen Verwendung Hitlers. Deutlich ist die Platte für den Notausstieg am Ende der Wanne zu sehen. Die Maschinen lagen nach Angaben von Flugkapitän Hans Baur im März 1945 in Schönwalde. *Foto: Sammlung Bukowski*

Die letzten Kämpfe

In den wenigen Wochen vor Kriegsende wurden in Schönwalde Staffeln des Ergänzungs-Jagdgeschwaders 1 aufgestellt und ausgebildet. Den Kern dieses Geschwaders bildeten einige bisher selbständige Ergänzungs-Jagdgruppen. So entstand aus der 1. Staffel der Jagdgruppe Nord die 1./Erg.JG 1, der seinerzeit Kurt Reimer angehörte. Hier sein Bericht:

In der Realität waren diese Einheiten reine Ausbildungsstaffeln, die innerhalb kürzester Zeit auf ihren Einsatz in der Reichsverteidigung vorbereitet werden sollten. Dafür stellte man uns jungen Nachwuchspiloten ab Februar 1945 fronterfahrene Jagdlehrer zur Seite. Jede Staffel besaß die vorgeschriebene Einsatzstärke an Flugzeugen vom Typ Fw 190 und das entsprechende Personal. Schwerpunkte der Ausbildung waren der Verbandsflug in der Gruppe, das Zusammenwirken in der Luft, das taktische Verhalten, das Schießen auf Luft- und Erdziele sowie das Bedienen der neuen Bordfunkgeräte.

Für die Ausbildung im Kurvenkampf verwendete man neben den Einsatzflugzeugen auch das zweisitzige Schulflugzeug Arado 96. Im Frühjahr 1945 waren solche Übungsluftkämpfe häufig über Schönwalde zu beobachten, wobei es oft zu Zusammenstößen in der Luft kam. Das grauenhafte Bild, das die Überreste an der Aufschlagstelle boten, blieb bis heute den Zeitzeugen im Gedächtnis haften; denn die Anwohner waren mit dem Fahrrad meist eher vor Ort als der Bergungstrupp des Fliegerhorstes. Allerdings mußten sie dann schnell das Weite suchen, weil das Betreten der Unfallstelle den „Zaungästen“ untersagt war.

Im Frühjahr verließ das Erg.JG 1 den Horst. Die Piloten wurden, und das viel zu früh, in den Einsatz geschickt und fielen bereits bei ihren ersten Flügen.
Die sich aus Ost und West nähernden Fronten führten dazu, daß sich auf dem Fliegerhorst zahlreiche zweimotorige Kampfflugzeuge inzwischen aufgelöster Kampfgeschwader sammelten. Zuhauf standen die Maschinen ungetarnt auf dem Flugfeld herum. Kurz vor Ende des Krieges war der Platz jedoch wie leergefegt von allen flugtüchtigen Maschinen - als Fluchtflugzeug nach dem Westen hatten sie sich noch als brauchbar erwiesen. Lediglich je eine He 111, Fw 190, Fw 58 und Me 109, alle unbeschädigt, verblieben zur Freude der Jugendlichen der umliegenden Ortschaften in ihren Splitterboxen nördlich im Wald vom Dorf Schönwalde. Erst Jahre danach wurden die inzwischen ausgeschlachteten Wracks verschrottet.

Während sich sie Zahl der Piloten auf dem Fliegerhorst ständig verringerte, strömte das Bodenpersonal von aufgelösten oder sich auf dem Rückzug befindlichen Luftwaffeneinheiten auf den Flugplatz. Aus diesen Soldaten beabsichtigte die Luftwaffenführung Bodentruppen für den infanteristischen Einsatz aufzustellen. Oberleutnant Ernst Harmsen (1910 bis 1995) aus Hannover gehörte zu jenen, die noch in den letzten Tagen des Krieges hierfür vorgesehen waren:

Anfang April 1945 wurden in Schönwalde unter anderem fünf Luftwaffen-Offiziers-Kompanien aufgestellt. Ich gehörte der 5. Kompanie an und sollte als Angehöriger einer Granatwerfer-Bedienung zur Verteidigung von Berlin eingesetzt werden. Die Kommandeure und Ausbilder waren Angehörige der Fallschirmtruppe. Da keine Waffen eintrafen, verlegte man uns am 22. April zum Fliegerhorst Neuruppin, dann nach Wittstock, und schließlich gerieten wir in englische Gefangenschaft.

Parallel zur Aufstellung von Bodentruppen wurde der Fliegerhorst Schönwalde unter der Führung des Kommandanten pioniermäßig ausgebaut. Daran erinnert sich der ehemalige Schönwalder Fluglehrer und zu der Zeit stellvertretende Fliegerhorst-Kommandant Leutnant Heinrich Rosenberg:

Der Verteidigungsring im Nordwesten von Berlin verlief von Velten über Bötzow nach Falkensee. Quer über dem nördlich gelegenen Truppenübungsplatz der Garnison hatten wir im März und im April Abwehrgräben und Feldbefestigungen auszuheben, um einen Angriff des Gegners aus Richtung Bötzow-Schönwalde abwehren zu können.

Am Sonntag, dem 22. April 1945, fand sich von der Fliegertruppe keine Spur mehr auf dem Horst. Sie war geflohen. Als Verteidiger blieb in den vorbereiteten Stellungen allein der Volkssturm zurück, der aus 16- bis 60jährigen Zivilisten bestand. Den Schluß der Fliegerkolonne, die sich in Richtung Westen bewegte, bildete die Horst-Feuerwehr mit ihren auf den Löschfahrzeugen aufgesessenen Familien. Aber schon in Crivitz bei Schwerin endete die Fahrt.

Kurt Reimer (4.v.r.) aus Hennigsdorf im Februar 1945 als Angehöriger der 1. Staffel des Erg.JG 1 in Schönwalde. *Foto: Reimer*

Die Staffeln des Ergänzungs-Jagdgeschwaders 1 in Schönwalde hatten im Frühjahr 1945 die Fw 190A in ihrem Bestand. *Foto: Sammlung Bukowski*

Am 23. April 1945 stießen die sowjetischen Panzerspitzen über Velten bis zur nördlich von Schönwalde gelegenen Ortschaft Bötzow vor. Tags darauf nahmen sie den Flugplatz ein - ohne nennenswerten Widerstand durch den Volkssturm.
Ganz spurlos war das Kriegsende am 24. April dennoch nicht am Fliegerhorst vorübergegangen. Sowjetische Jagdflugzeuge hatten in den Tagen zuvor im Tiefangriff die im Süden des Horstes gelegenen Hangars mit ihren Bordwaffen beschossen, deren Einschläge noch heute in den Hallentoren zu sehen sind. Einzelne deutsche Jäger, die sich noch von umliegenden Plätzen aus in die Luft gewagt hatten, waren ohne jede Chance und wurden schon nach wenigen Flugminuten abgeschossen. Nach der Einnahme durch die Rote Armee bot der Flugplatz einen trostlosen Anblick: Halden von Wracks und ausgeschlachteten Flugzeugen übersäten das Gelände. Zwar schwiegen hier nun die Waffen, aber der Schlachtenlärm in Berlin hallte auch bis nach Schönwalde. Ebenso war in der Luft der Kampf noch nicht zu Ende. Trotz ständiger Präsenz der alliierten Fliegerkräfte wurden weiterhin Einsatzbefehle erteilt. Noch am 29. April 1945 startete Unteroffizier Erwin Teske von der II./JG 4 in Rechlin und schoß bei Schönwalde zwei Jak-9 ab und eine weitere an.
Drei Tage später war alles vorbei. 150.000 Soldaten der Luftwaffe waren gefallen, darunter 70.000 Piloten. Zahlen, die man niemals vergessen sollte.

40 Jahre lang vermißt

Walter Britt (Jahrgang 1917) aus Berlin war Angehöriger der Flieger-Bildschule in Schönwalde:

Im Jahre 1984 wurden bei Minden in Westfalen die sterblichen Überreste eines seit 1944 vermißten Schönwalder Jagdfliegers entdeckt: Hauptmann Ernst Maack. Ich hatte ihn während seiner Zeit als Fluglehrer und Leutnant der FFS A/B 11 Schönwalde kennengelernt. Im Verlaufe des Krieges kam er als Nachtjäger in der Reichsverteidigung im JG 1 zum Einsatz. Von einem solchen kehrte er am 8. April 1944 nicht mehr zurück und wurde als vermißt gemeldet, weil niemand zu sagen vermochte, wo er abgeblieben war. Seine Mutter wollte dieser Nachricht keinerlei Glauben schenken und verkündete unbeirrt: „Mein Junge kommt wieder!“
Aber 40 Jahre mußten vergehen, ehe man ihn tatsächlich fand. Während der Sondierung eines Geländes in der Nähe von Raderhorst bei Minden ortete man im Erdreich Metall und fing an zu graben. Schon nach den ersten Spatenstichen kam das Leitwerk der Fw 190 A-7 (Werknummer 643728) zum Vorschein, und bei der weiteren Bergung wurde offensichtlich, daß sich das Jagdflugzeug senkrecht in das Erdreich gebohrt hatte und von dem morastigen Boden völlig verschluckt worden war. Anwohner hatten zwar seinerzeit einen Aufschlag gehört und später auch die Aufschlagstelle bemerkt, aber diesem Vorfall in den Wirren des Krieges verständlicherweise keinerlei Beachtung geschenkt.
Nachdem das Bergungsteam das Wrack ausgegraben hatte, mußte man zum allgemeinen Entsetzen feststellen, daß sich im Cockpit noch der Pilot befand. Offensichtlich hatte er nicht mehr abspringen können, und so fand er, fest angeschnallt, beim Aufprall des Flugzeuges den Tod. Neben Geld und noch lesbaren Briefen entdeckte die Bergungsmannschaft aber auch die Erkennungsmarke, mit deren Hilfe der Leichnam identifiziert werden konnte. Seine endgültige Ruhestätte fand Hauptmann Maack auf seinem Heimatfriedhof. Aus dem Propeller der Fw 190 fertigte man ein Grabmal.

Ein Flugplatz stirbt - Erinnerung der Autoren

Beim Zusammentragen von Material über die Schönwalder Nachkriegsgeschichte möchte man meinen, daß hierüber wesentlich mehr bekannt sein müßte als über die vorangegangene Zeit. Dem aber ist nicht so. Die sowjetischen Luftstreitkräfte auf dem Militärflugplatz Schönwalde hatten ein striktes Kontaktverbot ausgesprochen und sich fast hermetisch abgeschirmt. Das spärliche Wissen um die Ereignisse nach 1945 gründet sich somit allein auf eigene Erlebnisse und Beobachtungen der Autoren.
Nach der Einnahme des Horstes dauerte es nur kurze Zeit, bis sowjetische Flugzeuge aller möglichen Baumuster hier landeten. Da das Gelände weder zerbombt noch vermint worden war, konnten die Luftstreitkräfte sowohl Anlagen als auch Gebäude sofort wieder in Betrieb nehmen. Als erste Veränderung wurde bemerkt, daß die Bibliothek vor der Hauptwache abgekippt worden war. Im Handumdrehen hatten die Kinder aus den umliegenden Ortschaften die Bücher aufgesammelt und nach Hause getragen. Die Ersatzteile für die deutschen Flug-

zeuge wanderten auf die Schrotthalden am Platzrand, und alles andere nicht Benötigte schütteten die neuen Besitzer des Horstes in den Sumpf des Teufels-Bruchs. Schnell bekamen wir mit, daß sich auch Spornräder darunter befanden - bestens geeignet für die Anfertigung von Transportkarren. Um die 300-Liter-Zusatztanks schlugen wir uns geradezu, denn jetzt konnten wir sie als Schwimmkörper auf der Havel verwenden. Im Krieg waren wir noch gezwungen, sie nach dem Auffinden gegen 20,- Reichsmark Belohnung abzugeben. Alles andere Material wurde zur reichen Beute der sowjetischen Streitkräfte, denn die Lager waren gefüllt und mangels Transportmittel nicht geleert worden.

Rasch füllte sich der Flugplatz mit den Maschinen jener Kampfverbände, die vorher auf Feldflugplätzen stationiert waren. Im Juni 1945 ließ sich die für die Stationierung in Deutschland bestimmte 16. Luftarmee auf den Flugplätzen im Osten Deutschlands nieder, und Schönwalde wurde von den Einheiten anderer Luftarmeen geräumt.

Schon wenig später stellte die sowjetische Kommandantur ehemalige Zivilbeschäftigte des Fliegerhorstes zur Arbeit ein, um die Infrastruktur (Elektrizität, Wasser, Heizung usw.) aufrechtzuerhalten, und forderte die Frauen in den umliegenden Orten auf, in den Küchen Kartoffeln zu schälen. Da sich die sowjetischen Soldaten als kinderfreundlich erwiesen, nahmen viele der in den Kartoffelschälbrigaden arbeitenden Mütter ihre Kinder in die Kaserne mit, um deren Überleben mit Kapusta-Suppe zu sichern. Die Kinder hingegen vertrieben sich die Zeit mit Kippen-Sammeln für die Soldaten, mit „Herumstromern" und dem Beobachten des interessanten täglichen Flugbetriebes. Als in den schneereichen Nachkriegswintern die Piste für die Flugzeuge kaum noch benutzbar war, wurden viele Bewohner aus der Umgebung, meist Frauen und alte Leute - die Männer befanden sich meist noch in der Gefangenschaft - zum Schneeräumen zwangsverpflichtet und mit Lastkraftwagen herantransportiert. Sie schaufelten die 1050 m lange Start- und Landebahn wieder frei. Sie konnten sich auch noch an die in Schönwalde stationierten Flugzeuge erinnern: das Jagdflugzeug Jak-3, die Bomber Pe-2 und Tu-2, das Transportflugzeug Li-2 sowie an das Verbindungsflugzeug Po-2. Jedes dieser Typen gab es in ein oder zwei Staffeln. Der Ausbildungsstand, über den die Piloten verfügten, muß solide gewesen sein, denn bis zu ihrem Abzug Mitte der fünfziger Jahre gab es keinen nennenswerten Flugunfall. Ebenso wie die Alliierten wollte man - nicht zuletzt aus politischen Gründen - Zwischenfälle tunlichst vermeiden.

Zu Beginn der fünfziger Jahre bahnten sich grundlegende Strukturveränderungen in der 16. Luftarmee an. Man erwartete die neuen sowjetischen Strahlflugzeuge und begann mit der Rekonstruktion der rings um Berlin liegenden Flugplätze wie Neuruppin, Oranienburg, Templin, Finow, Werneuchen und Jüterbog. Die kleineren Flugplätze am Berliner Stadtrand wie Werder, Döberitz-Elsgrund, Staaken und auch Schönwalde ließen die erforderliche Verlängerung der Start- und Landebahn auf 2000 m nicht mehr zu, und so waren deren Tage gezählt. Darüber hinaus befanden sie sich nicht nur in der Berliner Kontrollzone, sondern auch im Luftkorridor, und jeder Flugbetrieb war bei der Alliierten Flugsicherungszentrale in Berlin-Tempelhof anzumelden.

Ende 1950 begann man in Schönwalde die Jak-3-Staffeln aufzulösen. Dieses berühmte einmotorige Jagdflugzeug hatte seine Schuldigkeit getan, und das sah man den Zellen auch an. Ein Teil davon war vorher schon zu den Schrottplätzen am Flugfeldrand gebracht worden, und die zahlreichen dort aneinandergereihten Rümpfe und Tragflächen zogen verständlicherweise unsere Neugier an. Wie erstaunt waren wir, als wir feststellten, daß die Holme und Rippen aus Holz bestanden, die man mit Sperrholz beplankt oder Stoff bespannt hatte. Wir mokierten uns darüber, denn bisher kannten wir nur die Ganzmetallbauweise der deutschen Jagdflugzeuge. Erst später erfuhren wir, warum die sowjetische Luftfahrtindustrie gezwungen war, bei vielen der von ihr produzierten Flugzeuge die Gemischtbauweise anzuwenden und in hohem Maße auf den Werkstoff Holz zurückzugreifen. Der Vorteil dieser Flugzeuge zeigte sich aber im Luftkampf; sie gehörten zu den leichtesten und damit wendigsten Jagdflugzeugen des Zweiten Weltkrieges. Die Kehrseite dieser Bauweise wurde jedoch insbesondere vor der Schlacht bei Kursk-Orjol im Sommer 1943 offenbar, als Tausende Jak's nicht einsatzbereit waren, weil sie bei Wind und Wetter im Freien standen und die Außenhaut Risse bekommen hatte.
Jetzt war es ähnlich, und die Maschinen mußten zum größten Teil verschrottet werden. Noch oft erinnerten wir uns danach der atemberaubenden Kunstflugfiguren dieses Jagdflugzeuges, die wir in den unterhaltungsarmen Nachkriegsjahren jedesmal mit Begeisterung am Schönwalder Himmel verfolgt hatten.

Es dauerte nicht lange und „Schturmowiks“ vom Typ IL-2 und IL-10 setzten zur Landung an. Mindestens ein Geschwader mit rund 80 Flugzeugen war eingetroffen. Obwohl dieses gepanzerte Schlachtflugzeug völlig veraltet war, stationierte man es sechs Jahre nach Kriegsende in Schönwalde. Zu erklären ist das Auftauchen dieser Kampfflugzeuge unweit von Berlin nur im Zusammenhang mit den Ost-West-Spannungen durch den Tausende Kilometer entfernt tobenden Korea-Krieg, wo gleichfalls „Schturmowiks“ zum Einsatz gelangten. Ebenso beeindruckend wie furchterregend die Alarmstart-Übungen der IL-2 und IL-10 in Schönwalde, die im Verband von bis zu 15 Maschinen gleichzeitig agierten. Mitte der fünfziger Jahre wurden auch sie abgezogen, und die Start- und Landebahn begann zu verrotten.
Aber dann zogen doch noch einmal Luftfahrzeuge über Schönwalde ihre Kreise. Auf dem Flugplatz wurde wenigstens eine Hubschrauberstaffel mit Mi-8 stationiert. Zunächst war es nur die Transportvariante; später wurden sie mit Luft-Boden-Raketen bestückt.
1965 war die sowjetische Fliegerei in Schönwalde abrupt zu Ende und die Landstreitkräfte der Sowjetarmee nahmen das Gelände als Truppenübungsplatz in Besitz. Die Flugzeughangars verfielen, Kraftfahrzeuge zerfurchten die Graspiste, Selbstfahrlafetten zerstörten die betonierte Start- und Landebahn. Als die GUS-Streitkräfte 1992 abzogen, sah der Flugplatz aus wie eine verlassene Goldgräberstadt. Endgültig besiegelt wurde das Schicksal des Flugplatzes, als man 1995 eine Hochspannungsleitung quer über das ehemalige Flugfeld errichtete. In Vergessenheit geraten war Schönwalde jedoch schon lange zuvor.

ANHANG

KARTE FLIEGERHORST SCHÖNWALDE 1943

Erläuterungen

1 Kläranlage
2 Flugzeughalle 3
3 Flugzeughalle 2
4 Befehlstelle/Flugleitung
5 Feuerwehr/Luftaufsicht
6 Flugzeughalle 1
7 Waffenmeisterei
8 Funkmeisterei
9 Unterflurzapfstellen
10 Graspiste
11 Start- und Landebahn
12 Motorenmeisterei
13 Galvanik
14 Werfthalle
15 Heizwerk II
16 Kompensierdrehscheibe
17 Kfz-Werkstatt
18 Garagen/Fahrbereitschaft
19 Hauptlager
20 Bahnhof
21 Kommandeurshaus
22 Hauptwache
23 Kaserne Scharnhorst-Ring
24 Fliegerhorstkommandantur
25 Treibstofflager
26 Kaserne Großer Ring
27 Offizierssiedlung
28 Mannschaftsküche II/Heizwerk III
29 Bahnhof Nordwache
30 Nordwache
31 Eisenbahn-Anschlußgleis
32 Schützenwaffen-Schießstand
33 Truppenübungsplatz
34 Postamt
35 Krankenrevier
36 Lehrgebäude/Bibliothek/Kino
37 Turnhalle
38 Nachrichtenbunker
39 Unteroffiziers-Kantine
40 Duschanlage
41 Freibad
42 Sportplatz
43 Bauarbeiterbaracken
44 Flugzeughalle 5
45 Flugzeughalle 4
46 Mannschaftsküche I
47 Heizwerk I
48 Kaserne Langemark-Ring
49 Denkmal
50 General Wever Straße
51 Offizierskasino
52 Munitionslager
53 Peilerhaus
54 Segelflugplatz
55 Flakscheinwerferstellung
56 Feuerstellung 3./437. Flakabteilung

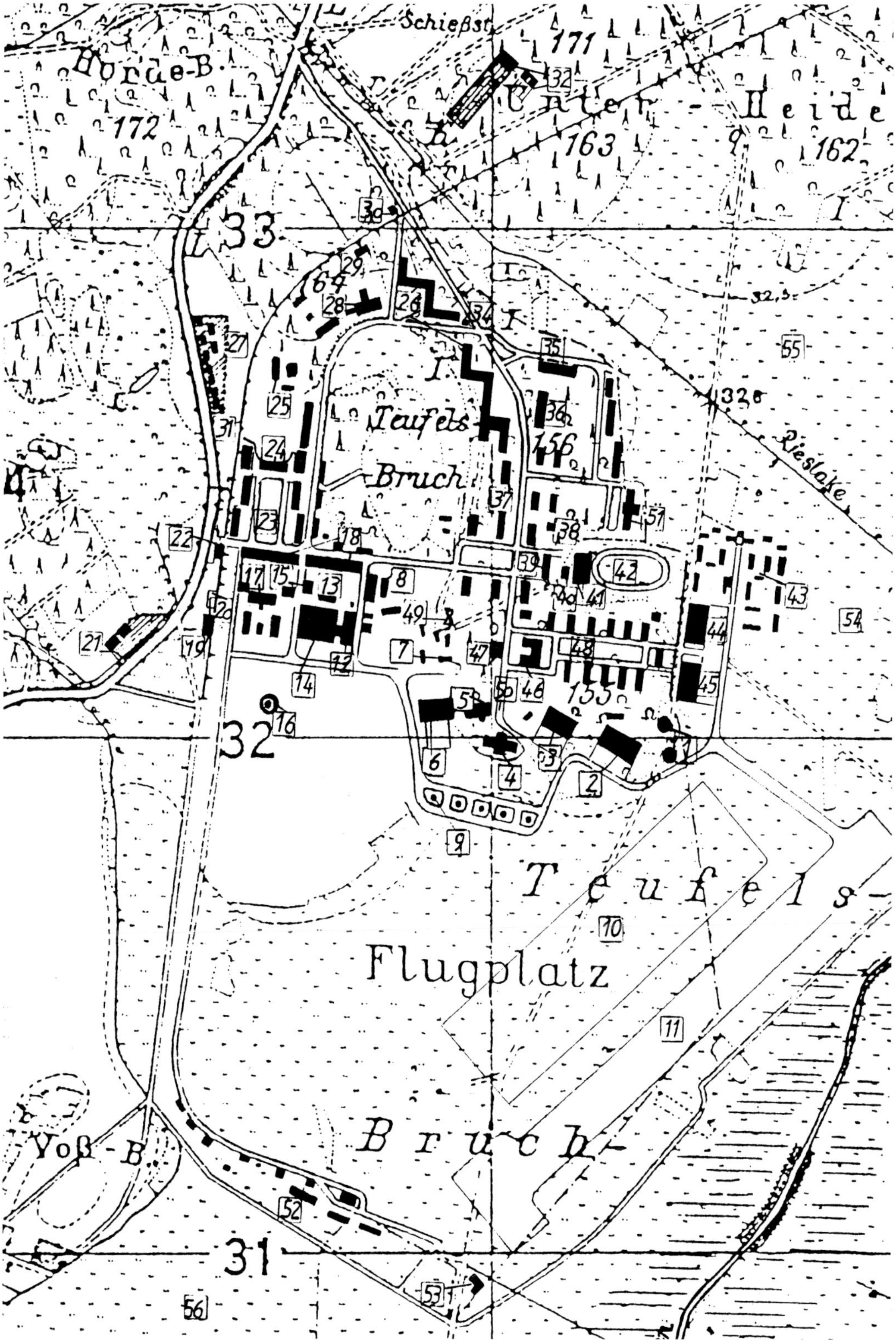

Fliegerhorst Schönwalde 1943 *Karte: Sammlung Zapf*

ZEITTAFEL

1934
Motor- und Segelflugbetrieb der „FÜS (DLV) Hennigsdorf“ auf dem ehemaligen AEG-Werksflugplatz Nieder Neuendorf. Das RLM wählt als Standort für den künftigen Fliegerhorst das Gelände im Teufels-Bruch aus. Beginn der Vermessungsarbeiten.

1935
Erster Spatenstich und Beginn des 1. Bauabschnitts „Sportflugplatz Hennigsdorf“ im Teufels-Bruch.

1. Juli 1935
Eintreffen eines Vorkommandos der Luftwaffe; Verlegung der „FÜS (DLV) Hennigsdorf“ zum „Sportflugplatz Hennigsdorf“.

1. August 1935
Major Petersen wird Leiter der „FÜS (DLV) Hennigsdorf“. Aufstellung der „Fliegergruppe Hennigsdorf“ und der „Fliegerhorstkommandantur (D) Hennigsdorf“ unter Major Petersen.

29. September 1935
Einweihung des Flugplatzes; Eröffnung des Flugbetriebes.

7. November 1935
Erste öffentliche Vereidigung der Jungflieger der „FÜS (DLV) Hennigsdorf“ und Eröffnung des 1. Lehrgangs.

1. Januar 1936
Umbenennung in FÜS (DLV) Schönwalde, Fliegerhorst Schönwalde, Fliegerhorstkommandantur (D) Schönwalde. Aus der „Fliegergruppe Hennigsdorf“ wird die FEA 42 unter Major Petersen.

1. April 1936
Die Fliegerhorst-Kommandantur erhält einen Luftnachrichtenzug; Inbetriebnahme der Ln-Stelle.

1. Oktober 1936
Umbenennung der FEA 42 in FEA 12.
Umwandlung der Fliegerhorstkommandantur (D) in Fliegerhorstkommandantur (A).

1. November 1936
Abschluß der Aufstellung der Stabs-, Technischen, Fliegerhorst-, Kfz- und Luftnachrichtenkompanie.

12. November 1936
Erste öffentliche Luftwaffen-Rekrutenvereidigung der FEA 12.

1. Dezember 1936
Aus der FÜS (DLV) Schönwalde wird die FFS A Schönwalde mit einer Schülerkompanie.

1. Januar 1937
Übergabe der Kasernen „Langemark-“ und „Scharnhorst-Ring“.

8. Mai 1937
Verleihung der Truppenfahne.

Herbst 1937
Die ersten Absolventen verlassen die FFS mit dem Luftwaffen-Flugzeugführerschein A/B.

1938
Beginn des 2. Bauabschnitts. Inbetriebnahme des Eisenbahnanschlußgleises.

1. Juli 1938
Neuer Kommandeur wird Oberstleutnant Graf von Luckner.

1. November 1938
Umbenennung der FEA 12 in FEA 11; aus der FFS wird die FFS A/B Schönwalde.

1939
Übergabe der Kaserne „Großer Ring“.

1. April 1939
Aus der FEA 11 entsteht das FAR 11; die FFS A/B wird zur Schule/FAR 11.

Ende 1939 bis Ende 1940
Bezug der Unteroffiziers-Siedlung (heute Fliegersiedlung) Schönwalde. Übergabe der Flugzeughallen 3 bis 5.

5. August 1940
Neuer Kommandeur wird Oberst Pistorius.

17. September bis 18. November 1940
Der Fliegerhorst dient als Liegeplatz für die III./JG 52 nach ihrer Rückkehr von der Luftschlacht gegen England.

1940 (bis 1943)
Einrichtung der Kriegsoffizier-Schule.

1. Oktober 1941
Aus der Schule/FAR 11 wird die FFS (A/B) 11/ FAR 11.

25. September 1942
Das FAR 11 unter Generalmajor Pistorius verlegt nach Groß-Born und stellt den Kern für die 3. LwFD. Die FFS A/B 11 unter Oberst Kuse wird selbständiger Fliegertruppenteil.

Herbst 1942
Baubeginn der 1000-m-SLB.

1. Mai 1943 (bis Ende 1944)
Aufstellung und Liegeplatz vom Stab und Teilen des Erg.TG/XIV. FK.

22. August 1943
Die FFS A/B 11 verlegt nach Neukuhren/Ostpreußen.

Herbst 1944 (bis Ende 1944)
Liegeplatz für Teile des JG 4, JG 76, JG 77 und FdF. Neuaufstellung der IV./JG 301 „Hindenburg". Liegeplatz für die Ju 352-Erprobungsstaffel.

Januar 1945 (bis April 1945)
Ein Bombennotabwurf zerstört das Offizierskasino.
Liegeplatz für Teile des Erg.JG 1, für die Großraumtransportstaffel Ju 352/Fw 200 sowie für Teile der Fliegerstaffel des Führers.

22. April 1945
Die Luftwaffe verläßt den Fliegerhorst; der Volkssturm bezieht die Verteidigungsstellungen.

24. April 1945
Fast kampflose Einnahme des Fliegerhorstes durch die Rote Armee.

1945 (bis 1954)
Stationierung von sowjetischen Jagd-, Bombenflieger- und Schlachtfliegerstaffeln.

1947/48
Demontage der Werfthalle und der Flugzeughalle Nr. 3

20. September 1953
Einstellung des Eisenbahnbetriebes; Demontage des Anschlußgleises.

1955 (bis 1965)
Stationierung einer Hubschrauberstaffel der Gruppe der Sowjetischen Streitkräfte in Deutschland.

1965
Ende des Flugbetriebes auf dem Flugplatz Schönwalde.

Mitte der 60er Jahre
Der ehemalige Flugplatz dient als Truppenübungsplatz für die in der Kaserne stationierten Truppenteile der Landstreitkräfte Westgruppe der sowjetischen Streitkräfte/GUS.

1992
Abzug der Streitkräfte der GUS.

ABKÜRZUNGSVERZEICHNIS

AEG - Allgemeine Elektrizitäts-Gesellschaft
AGO- Flugzeugwerk Oschersleben
AGr - Aufklärungsgruppe
AK - Armeekorps
Ar - Arado
AW - Ausbildungswesen
Btl - Bataillon
Bü - Bücker
C - Caudron
DAF - Deutsche Arbeitsfront
DLH - Deutsche Lufthansa A.G.
DLV - Deutscher Luftsport-Verband e.V.
DVS- Deutsche Verkehrsfliegerschule
Do - Dornier
d.R. - der Reserve
EL - Eichenlaub
Erg. - Ergänzungs-...
FAR - Flieger-Ausbildungsregiment
FdF - Fliegerstaffel des Führers
FEA - Flieger-Ersatzabteilung
FF - Flugzeugführer
FFS - Flugzeugführerschule
FH - Fliegerhorst
FH-Kdtr - Fliegerhorst-Kommandantur
Fi - Fieseler
FK - Fliegerkorps
Flak - Fliegerabwehrkanone
FÜS - Flieger-Übungs- und Ausbildungstelle
Fw - Feldwebel
Fw - Focke-Wulf
Gefr - Gefreiter
GFM - Generalfeldmarschall
Go - Gothaer Waggonfabrik
He - Heinkel
HGr - Heeresgruppe
HJ - Hitler-Jugend
Hs - Henschel
IR - Infanterieregiment
JG - Jagdgeschwader
Ju - Junkers
KG - Kampfgeschwader
KGr z.b.V. - Kampfgruppe zur besonderen Verwendung
Kdore - Kommodore
Kdr - Kommandeur
Kdt - Kommandant
Kl - Klemm
Kp - Kompanie
LéO - Lioré-Olivier
LF - Luftwaffen-Flugzeugführer
Ln - Luftnachrichten
LTF - Lufttransportführer
Ltn - Leutnant
Lw - Luftwaffe
LwFD - Luftwaffen-Felddivision
Me - Messerschmitt
MEW - Märkisches Elektrizitätswerk
MG - Maschinengewehr
Mj - Major
NSFK - Nationalsozialistisches Fliegerkorps
o - ortsfest
ObdL - Oberbefehlshaber der Luftwaffe
Obstlt - Oberstleutnant
OHE - Osthavelländische Eisenbahn A.G.
Ofw - Oberfeldwebel
OHKB - Osthavelländische Kreisbahn A.G.
OLK - Offiziers-Lehrkommando
Oltn/Olt - Oberleutnant
PiB - Pionierbataillon
RAF - Royal Air Force
Rgt - Regiment
RK - Ritterkreuz
RLM - Reichsluftfahrtministerium
RM - Reichsmarschall, Reichsmark
Sch - Schule
Si - Siebel
SLB - Start- und Landebahn
SM - Savoia-Marchetti
TG - Transportfliegergeschwader
TGr - Transportfliegergruppe
U - Udet-Flugzeugbau
Uffz - Unteroffizier
ULK - Unteroffiziers-Lehrkommando
USAF - US Air Force
UvD - Unteroffizier vom Dienst
WAST - Wehrmachtsauskunftsstelle
z.b.V. - zur besonderen Verwendung